数控机床精度检测与调整

主　编　张坤领
副主编　张春亮　张海英

北京理工大学出版社
BEIJING INSTITUTE OF TECHNOLOGY PRESS

内 容 简 介

《数控机床精度检测与调整》教材是校企联合开发的一门"现代学徒制"岗位课程对应教材，目的是培养数控机床装调工的机械部件装调、整机装调等关键岗位能力。该教材以数控机床装调工整机装调部分的典型工作任务为载体，采用任务引领的项目化教学模式，内容引入大量的企业实际生产案例，突出学生操作能力培养。

该教材形式为工作手册式，适应对象为高等院校、高职院校机械制造与自动化专业、机电设备维修与管理专业、数控技术专业中从事数控设备制造与维护方向的学生，也可以为数控机床制造企业对应岗位员工学习提供参考。

图书在版编目（CIP）数据

数控机床精度检测与调整 / 张坤领主编. -- 北京：
北京理工大学出版社，2023.2
ISBN 978-7-5763-2288-0

Ⅰ. ①数⋯　Ⅱ. ①张⋯　Ⅲ. ①数控机床-精度-检测
-教材　Ⅳ. ①TG659

中国国家版本馆 CIP 数据核字（2023）第 063567 号

责任编辑：封　雪　　　文案编辑：封　雪
责任校对：周瑞红　　　责任印制：李志强

出版发行 / 北京理工大学出版社有限责任公司
社　　址 / 北京市丰台区四合庄路6号
邮　　编 / 100070
电　　话 / （010）68914026（教材售后服务热线）
　　　　　　（010）68944437（课件资源服务热线）
网　　址 / http://www.bitpress.com.cn

版 印 次 / 2023 年 2 月第 1 版第 1 次印刷
印　　刷 / 涿州市新华印刷有限公司
开　　本 / 787 mm×1092 mm　1/16
印　　张 / 13.25
字　　数 / 316 千字
定　　价 / 69.00 元

党的二十大报告强调，要"实施科教兴国战略，强化现代化建设人才支撑"，要"统筹职业教育、高等教育、继续教育协同创新，推进职普融通、产教融合、科教融汇，优化职业教育类型定位"。"数控机床精度检测与调整"课程是一门面向高端装备制造领域的用于培养数控机床制造高技能人才的课程，是校企联合开发的一门"现代学徒制"岗位课程，目的是培养数控机床装调工的机械部件装调、整机装调等关键岗位能力。该教材以数控机床装调工整机装调部分的典型工作任务为载体，采用任务引领的项目化教学模式，内容引入大量的企业实际生产案例，突出学生操作能力培养。

该教材形式为工作手册式，内容集知识学习、技能训练、任务评估、拓展提高于一体，并建有配套网络课程和大量的视频动画资源，纸质教材中融入二维码以突出实践教学内容，全书很好地融入了思政元素，突出了社会主义荣辱观和大国工匠精神。适用对象为高职院校机械制造与自动化专业、机电设备维修与管理专业、数控技术专业中从事数控设备制造与维护方向的学生，也可以为数控机床制造企业对应岗位员工学习提供参考。

本书由张坤领担任主编并统稿，张春亮、张海英担任副主编。根据岗位技能需要，该工作手册划分为6个大任务，具体编写分工如下：宁波职业技术学院张坤领编写任务一、任务二、任务三、任务四，宁波职业技术学院张春亮编写任务五，宁波职业技术学院张海英编写任务六。

由于编者水平有限，内容难免存在一些不足，敬请海涵。

编　者

目　录

任务一

数控机床精度
检测基本知识与技能

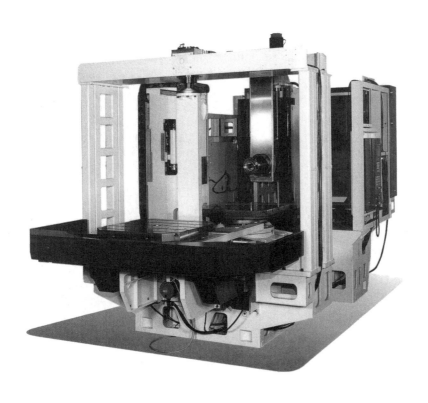

任务 1-1　辨识数控机床及其功能部件

任务描述

数控机床在现代装备制造业发挥着越来越重要的作用，各类机械产品的加工精度与机床的制造精度密不可分。而数控机床的制造精度包括各功能部件的几何精度、数控机床的位置精度和切削精度等多项指标。数控机床切削运动由主运动和进给运动构成，其主运动由主轴部件实现，而进给运动则由导轨副、丝杠副等进给部件实现，检验机床的各项几何精度是否达到行业标准要求，首先必须了解机床各功能部件构成及其功能。因此，能够准确地辨识各类数控机床及其功能部件是机床精度检测前必须进行的一项重要任务。本任务要求观察实训车间或企业现场的数控机床，能够辨别机床类别，完成如图 1-1-1 所示数控机床和加工中心机械部件的辨识。

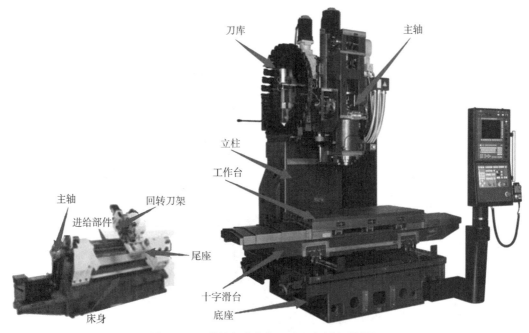

图 1-1-1　数控机床和加工中心机械部件辨识

任务目标

（1）能够绘制图形计算导轨的直线度，并判断直线度是否超标。

（2）能够利用水平仪检测基准导轨的直线度。

（3）能够利用板桥和水平仪检测两导轨的平行度。

（4）培养耐心细致、一丝不苟的工作作风。

知 识链接

（一）数控机床相关知识

1. 数控机床概念

数控机床，是指用_____信息控制机床运动，按照预定轨迹加工出工件的机床。数控机床的基本组成是由机床主机+_____装置、_____装置和其他辅助装置，如图 1-1-2 所示。

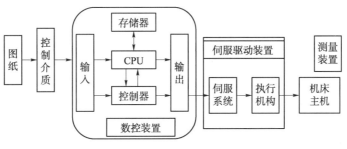

图 1-1-2 数控机床构成

机床主机是数控机床的主体，它包括床身、底座、立柱、横梁、滑座、工作台、主轴箱、进给机构、刀架及自动换刀装置等机械部件。它是在数控机床上自动地完成各种切削加工的机械部分。与传统机床相比，数控机床主体具有以下结构特点：

（1）采用具有高刚度、高抗振性及较小热变形的机床新结构。

（2）广泛采用高性能的主轴伺服驱动和进给伺服驱动装置，使数控机床的传动链缩短，简化了机床机械传动系统的结构。

（3）采用高传动效率、高精度、无间隙的传动装置和运动部件，如滚珠丝杠螺母副、塑料滑动导轨、直线滚动导轨、静压导轨等。

辅助装置是保证充分发挥数控机床功能所必需的配套装置，常用的辅助装置包括：气动、液压装置，排屑装置，冷却、润滑装置，回转工作台和数控分度头，防护，照明等各种辅助装置。

2. 数控机床类别

常见的数控机床分为金属切削类数控机床、金属成型类数控机床、特种加工机床及其他类别数控机床。金属切削类数控机床主要有_____、_____及加工中心、数控磨床和数控钻床等，如图 1-1-3 所示。

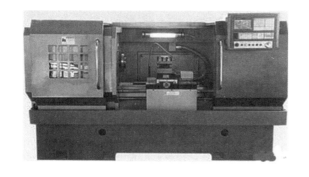
（a）

（b）

（c）

（d）

图 1-1-3　常见数控机床

（a）卧式数控车床；（b）立式加工中心；（c）数控磨床；（d）数控钻床

3. 数控车床（CNC lathe 或 CNC turning machine）

数控车床应用于加工回转体类零件，如轴套类零件、圆盘类零件，主要用于外圆柱（锥）面、内圆柱（锥）面、端面、旋转曲面、螺纹以及中心孔的加工。

根据主轴的布置不同，数控车床可以分为＿＿＿＿＿数控车床和＿＿＿＿＿数控车床，如图 1-1-4 所示。

（a）　　　　　　　　　　（b）　　　　　　　　　　（c）

图 1-1-4　数控车床类别

（a）立式数控车床；（b）水平导轨卧式数控车床；（c）倾斜导轨卧式数控车床

主轴轴线垂直布置的为＿＿＿＿＿数控车床，其工作台一般为圆盘状，＿＿＿＿＿布置。

卧式数控车床主轴轴线为_____布局，主要用于加工径向尺寸较小的轴套类零件或圆盘类零件，根据导轨的布置不同，可以分为_____导轨卧式数控车床和_____导轨卧式数控车床。倾斜导轨刚性较好，易于排除切屑，主要用于高档卧式数控车床。

4. 数控铣床（CNC milling machine）及加工中心（CNC machining center）

数控铣床和加工中心适用于复杂零件如箱体类零件、模具零件等的加工，主要用于镗孔，铣削平面，加工沟槽、台阶以及各种平面或曲面轮廓。根据主轴配置形式，数控铣床可以分为卧式数控铣床、立式数控铣床和龙门数控铣床；加工中心和数控铣床结构基本相同，但多了刀库和自动换刀装置，加工中心可以分为_____加工中心、_____加工中心、_____加工中心和万能加工中心，如图1-1-5所示。

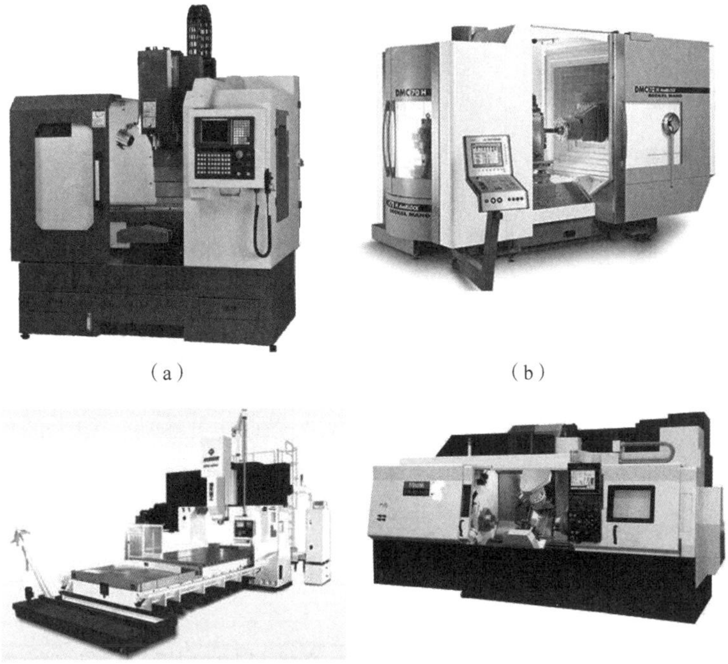

（a）

（b）

（c）

（d）

图1-1-5 加工中心类别

（a）立式加工中心；（b）卧式加工中心；（c）龙门加工中心；（d）万能加工中心

5. 其他数控机床

（1）数控磨床（CNC grinding machine）：数控磨床是利用磨具对工件表面进行磨削加工的机床，有数控平面磨床、数控万能磨床、数控无心磨床、数控工具磨床、数控坐标磨床、数控成型磨床等。

（2）数控钻床（CNC drilling machine）：数控钻床用于孔系加工，有立式钻床、摇臂钻床和龙门钻床等多种形式。

（3）电加工机床：电火花成型机床和数控线切割机床，如图1-1-6、图1-1-7所示。

图 1-1-6　数控电火花成型机床　　　　　图 1-1-7　数控线切割机床

（二）数控机床机械部件

1. 数控机床的机械本体构成

（1）基础部件：是指用来支撑机床整体的部件，如车床的床身或者铣床的底座等，基础部件要求具有高强度、高刚度、抗振性能好、热变形小，材料一般为高强度铸铁，如HT300或球墨铸铁等。

（2）主传动部件：是指与机床的主运动相关的部件，即从主轴电动机到主轴的相关部件，如主轴箱、主轴、主传动机构等。

（3）进给部件：是指与进给运动（一般为沿坐标轴方向移动）相关的机械部件，即把伺服电动机的旋转运动转化为部件的直线移动的相关部件，由传动装置（丝杠螺母副）、导向装置（导轨副）以及支撑辅助装置（轴承及轴承座、电动机座）等部分构成。

（4）安装部件：是指把工件固定在机床上的机械部件，如车床的卡盘、顶尖、尾座，铣床的工作台及其平口钳等。

（5）刀辅机构：用来安装刀具或改变刀具位置的机械机构，如车床的刀架、加工中心的刀库及自动换刀装置等。

2. 数控机床基础部件

1）数控机床床身

床身是数控机床的基础部件，用来支撑机床其他部件，并使各部件在工作时保持正确位置，要求具有很高的动、静刚度。数控车机床身固定在前后床腿上，床身下部床腿为整台机床的支撑与基础，所有机床部件均安装在其上。床身左端为床头箱，右端安装尾座。床身导轨间留有供排屑的通道。

卧式数控机床床身一般有平床身和斜床身两种。平床身数控车床的导轨为一大山形导轨和平导轨的组合，供床鞍纵向移动；尾座导轨为一小山形导轨和平导轨的组合，供尾座纵向移动，如图1-1-8所示。斜床身数控机床的床身导轨为一对大平导轨，尾座导轨为一对小平导轨，如图1-1-9所示。

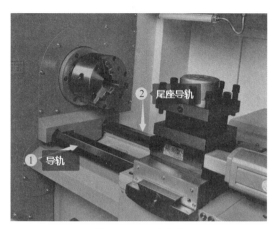

图 1-1-8 平床身

图 1-1-9 斜床身

2）加工中心基础部件——底座及立柱

如图 1-1-10 所示，加工中心底座为加工中心的支撑和基础件，一般由高强度铸铁整体铸造而成。

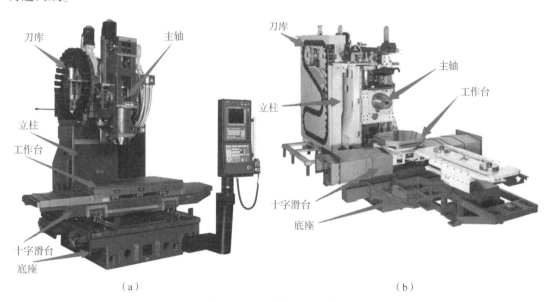

图 1-1-10 加工中心机械结构

（a）立式加工中心；（b）卧式加工中心

卧式加工中心通常采用移动式立柱，工作台不升降，T 形床身。卧式加工中心的立柱普遍采用双立柱框架结构形式，主轴箱在两立柱之间，沿导轨上下移动。这种结构刚性大，热对称性好，稳定性高。小型卧式加工中心多数采用固定立柱式结构，其床身不大，且都是整体结构。

立式加工中心与卧式加工中心相比，结构简单，占地面积小，价格也便宜。中小型立式加工中心一般采用固定立柱式，因为主轴箱吊在立柱一侧，通常采用方形截面框架结构、米字形或井字形筋板，以增强抗扭刚度，而且立柱是中空的，以放置主轴箱的平衡重。

3. 主传动部件

主传动部件由主传动机构以及容纳主传动机构的主轴箱组成。主传动机构是主轴电动机经过传动机构转变为合适的转速和转向，将运动和动力传递到主轴的一系列装置。

主传动的传动类型主要有三种，如图 1-1-11 所示。

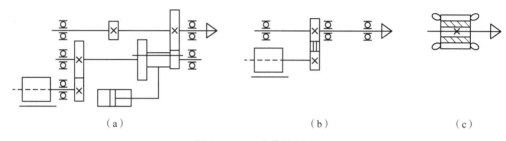

（a）　　　　　　　　　　　　　　　（b）　　　　　　　　　　　（c）

图 1-1-11　主传动形式

（1）通过变速齿轮的主传动，如图 1-1-11（a）所示。通过两对齿轮变速，实现了高、低两挡变速范围，在低挡变速范围扩大了输出转矩，以满足主轴对高输出转矩特性的要求。主轴正反转、启停与制动均是靠直接控制电动机来实现的。滑移齿轮的移位大都采用液压拨叉或直接由液压缸带动齿轮实现。

（2）通过带传动的主传动，如图 1-1-11（b）所示。主要应用在小型数控机床上，由伺服电动机通过皮带直接带动主轴。这种传动方式可以避免齿轮传动所引起的振动与噪声。常用的皮带是同步齿形带，它综合了带、链传动的优点，可实现主动、从动带轮无相对滑动的同步传动。

（3）电主轴直接驱动，如图 1-1-11（c）所示。高速主轴是由内装交流高频伺服电动机直接驱动，又称电主轴，具有转速高、功率大、结构简单，高转速下可保持良好的动平衡。

4. 进给部件

进给部件的功能是把伺服电动机的旋转运动转化为工件或刀具沿某一坐标轴方向的直线移动，由传动装置（一般为丝杠螺母副）、导向装置（导轨副）以及支承辅助装置等构成。数控机床进给传动链机械结构组成如图 1-1-12 所示。加工中心工作台进给部件如图 1-1-13 所示。

（1）传动装置——滚珠丝杠副（图 1-1-14）：数控机床的传动丝杠一般采用滚珠丝杠，螺母也采用滚珠螺母，由滚珠丝杠、滚珠螺母、滚珠、反向器等组成的螺旋传动部件。滚珠丝杠螺母副可将伺服电动机的旋转运动转换为车床溜板或铣床工作台的直线运动。

（2）导向装置——导轨副：导轨副由静导轨（简称导轨）和动导轨（又称导轨滑块，简称滑块）组成，导轨的作用是支撑安装在其上的部件并确保其沿着正确的方向移动。直线导轨副如图 1-1-15 所示。

数控机床常用导轨主要有滚动导轨和贴塑导轨两种。

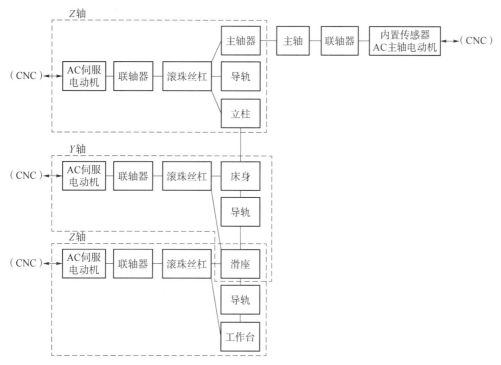

图 1-1-12　数控机床进给传动链机械结构组成

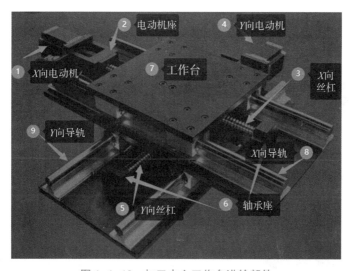

图 1-1-13　加工中心工作台进给部件

　　滚动导轨副，是由滚动导轨、滚珠及反向器、滑块等组成的导向装置。目前数控机床上使用最多的滚动导轨副是双 V 形（或称矩形）直线滚动导轨副，受力较小时也可以使用圆柱形直线滚动导轨副（见图 1-1-16）。

　　贴塑导轨属于滑动导轨，由于其表面贴了一层聚四氟乙烯，良好的摩擦特性和耐磨性，可保证较高的重复定位精度和满足微量进给时无爬行的要求。贴塑导轨具有寿命长、结构简单、成本低、使用方便、吸振性好、刚性好等优点。贴塑导轨如图 1-1-17 所示。

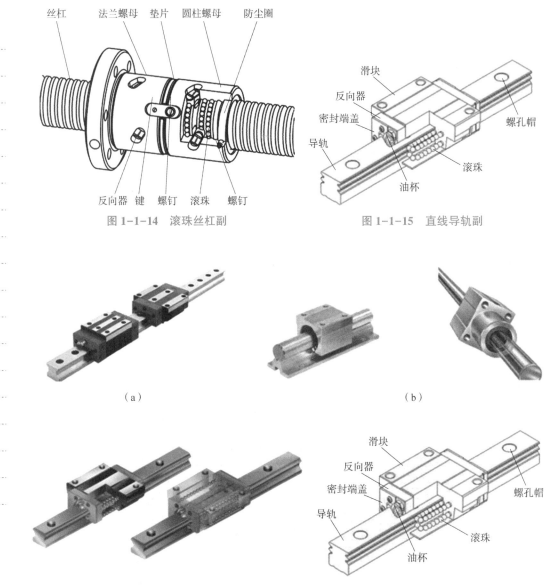

图 1-1-14　滚珠丝杠副

图 1-1-15　直线导轨副

（a）　　　　　　　　　　　　　　（b）

图 1-1-16　滚动导轨副构成

（a）双 V 形直线滚动导轨副；（b）圆柱形直线滚动导轨副

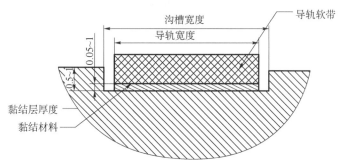

图 1-1-17　贴塑导轨

（3）支承辅助装置：由电动机座、轴承座、轴承和联轴器等组成，如图 1-1-18 所示。

图 1-1-18　轴承座、电动机座

5. 安装部件

（1）车床夹持部件——把工件装夹在车床上的部件，如卡盘、卡箍、尾座等。

卡盘是车床上用来夹持工件的机械部件，通常有三爪自定心卡盘、四爪单动卡盘，如图 1-1-19 所示。

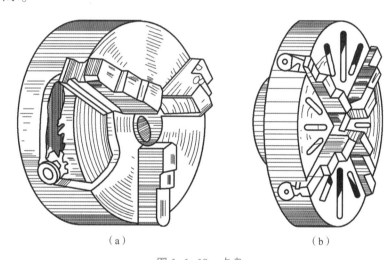

（a）　　　　　　　　　　　　（b）

图 1-1-19　卡盘

（a）三爪卡盘；（b）四爪卡盘

尾座是用于配合主轴箱支撑工件或工具的机床配件，如图 1-1-20 所示，主要由尾座基体、尾座紧固机构、顶尖套及其驱动机构和顶尖套锁紧装置等 4 部分构成。

（2）数控铣床承载部件——十字滑台及工作台，如图 1-1-21 所示。

工作台及十字滑台均为高强度铸铁，组织稳定，结构经过机床动力学分析和有限元分析，具有很好的刚性，且结构紧凑。数控工作台用来承载工件，其刚性高低对工件的加工精度有直接影响。

数控工作台能够执行某一个固定坐标轴的进给运动。按照坐标轴的性质，数控工作台可以分为：直线工作台（图 1-1-22（a））、回转工作台（图 1-1-22（b））和交换工作台。

图 1-1-20　尾座

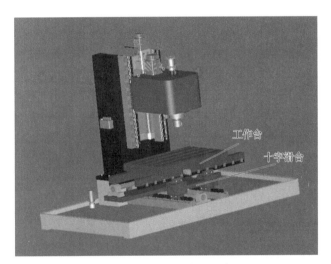

图 1-1-21　工作台及滑台

（a）　　　　　　　　　　　　　　　（b）

图 1-1-22　工作台类别

（a）直线工作台；（b）回转工作台

6. 刀辅机构

（1）数控车床的刀架或刀塔：用来安装夹持刀具，并能够实现刀具转换的机构。

常见数控车床刀架有立式刀架和卧式刀架，立式刀架有四、六工位两种形式，主要用于简易数控车床，如图1-1-23（a）所示；卧式刀架有八、十、十二等工位，如图1-1-23（b）所示，可正、反方向旋转，就近选刀，用于全功能数控车床。

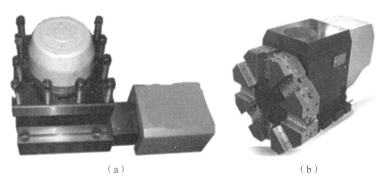

（a）　　　　　　　　　　　　（b）

图1-1-23　数控车床刀架

（a）四工位立式刀架；（b）八工位卧式刀架

（2）加工中心的自动换刀装置：由换刀机构和刀库组成，刀库是实现加工中心机床刀具储备及主轴刀具自动交换的重要功能部件，其储备能力（刀库容量、刀柄型号、刀具尺寸、质量、选刀速度）和换刀性能（换刀速度、动态性能、可能性）等是影响主机水平性能的重要标志。

按刀具储备刀库结构的不同，刀库分为：斗笠式刀库（DL）、圆盘式刀库（YP）、链式刀库（LS）及货架式刀库（HJ）等，如图1-1-24所示。

（a）　　　　　　　　　　　　（b）

（c）

图1-1-24　加工中心刀库类型

（a）斗笠式刀库；（b）圆盘式刀库；（c）链式刀库

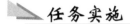**任务实施**

（一）准备工作

1. 实训场所及仪器设备

（1）实训场所：数控实训车间或企业现场。

（2）实训设备：各类数控机床。

2. 其他

记录纸笔、拍照设备、教材。

（二）实施步骤

子任务1 数控机床辨识

（1）观察各类数控机床，并进行拍照。

（2）对各机床铭牌进行拍照。

子任务2 了解机床部件及其功能

（1）数控车床主要功能部件辨识。

（2）数控铣床主要功能部件辨识。

（三）实施记录

1. 数控机床辨识：记录表（表1-1-1）填写

实训记录表1-1-1 数控机床辨识

实训地点：

序号	机床名称	机床铭牌图片	机床照片
1			
2			
3			
4			
5			

2. 数控车床和加工中心机械部件辨识：记录表（表1-1-2）填写

实训记录表1-1-2 数控车床机械部件辨识

机床名称/编号：

序号	零部件名称	零部件功能	零部件照片
1	床身		
2	导轨		
3	丝杠		

序号	零部件名称	零部件功能	零部件照片
4	溜板		
5	刀架		
6	主轴		
7	尾座		
8	卡盘		

3. 数控铣床/加工中心机械部件辨识：记录表（表 1-1-3）填写

实训记录表 1-1-3　数控铣床/加工中心机械部件辨识

机床名称/编号：

序号	零部件名称	零部件功能	零部件照片
1	床身/底座		
2	导轨		
3	X 轴丝杠 Y 轴丝杠 Z 轴丝杠		
4	十字滑台		
5	立柱		
6	主轴		
7	工作台		
8	刀库		

检查与评估

1. 过程检查（表 1-1-4）

表 1-1-4　过程检查表

序号	检查项	自查	教师检查
1	5S 管理： A. 实训之前，是否按时到岗； B. 实训过程中，是否按要求拍照记录； C. 实训之后，是否打扫清洁，仪器设备是否按要求摆放； D. 实训之后，是否按时提交表格（电子版）		
2	规范性检查： A. 照片拍摄是否完整； B. 照片与文字是否对应		

2. 结果检查

1）目测检查（表1-1-5）

表1-1-5 目测检查表

序号	性能及目测		评估	
			学生自评	教师评价/互评
1	提交了表格	目测		
2	项目有对应照片			
	目测结果			
	评价成绩		N_1：	N_2：

不合格原因分析，如何改进？

_____

_____

_____

_____

_____

_____

_____

_____

_____

2）内容检测（表1-1-6）

表1-1-6 内容检测表

序号	检测项		检测记录	
			学生	教师
1	机床名称和铭牌是否对应	目测		
2	部件名称功能描述			
	检测结果			
	评价成绩		M_1：	M_2：

不合格原因分析，如何改进？

_____

_____

_____

_____

_____

_____

_____

_____

_____

3. 结果评估与分析

1）综合评价（表1-1-7）

主观得分：$X_{1,1} = \dfrac{\text{提交表格数}}{\text{评估点数}} \times \text{系数} = \dfrac{N_1}{3} \times 1 =$

$X_{1,2} = \dfrac{\text{对应照片}}{\text{评估点数}} \times \text{系数} = \dfrac{N_2}{20} \times 4 =$

客观得分：$X_{2,1} = \dfrac{\text{铭牌对应}}{\text{评估点数}} \times \text{系数} = \dfrac{M_1}{5} \times 1 =$

$X_{2,2} = \dfrac{\text{部件功能}}{\text{评估点数}} \times \text{系数} = \dfrac{M_2}{16} \times 4 =$

表1-1-7　综合评价表

项目	结果
主观得分 $X_1 = X_{1,1} + X_{1,2}$	
客观得分 $X_2 = X_{2,1} + X_{2,2}$	
百分制得分实际得分（主观分+客观分）	

学生签名：＿＿＿＿＿＿＿＿　教师签名：＿＿＿＿＿＿＿＿　日期：＿＿＿＿＿＿＿＿

2）总结分析

_____

_____

_____

_____

_____

_____

_____

_____

一、填空题

1. 数控车床机械本体主要由 _____、_____、_____、_____、_____、_____等部件组成。

2. 数控铣床机械本体主要由 _____、_____、_____、_____、_____、_____等部件组成。

3. 主传动系统有_____、_____、_____等3种形式。

4. 车床 Z 轴进给装置由驱动电动机、_____、_____以及电动机座和轴承座等组成。

二、多项选择题

1. 数控车床可以加工的表面包括（　　）。

A. 圆柱表面　　　　B. 圆锥表面　　　　C. 内圆孔　　　　D. 螺纹

2. 数控铣床适合加工的表面包括（　　）。

A. 平面　　　　　　B. 沟槽　　　　　　C. 型腔　　　　　D. 曲面

3. 车削的进给运动包括（　　）。

A. 主轴带着工件的旋转运动

B. 溜板带着车刀沿 Z 轴方向的直线移动

C. 刀架带着车刀的横向移动

D. 车削锥面时的斜向移动

4. 铣床的进给运动包括（　　）。

A. 工作台的左右移动　　　　　　　B. 十字滑台的前后移动

C. 铣刀或工作台的上下移动　　　　D. 主轴带着铣刀的旋转运动

5. 与车削运动的主运动相关的部件有（　　）。

A. 车床主轴　　　　B. 溜板　　　　　　C. 刀架　　　　　D. 尾座

三、单项选择题

1. 车床的 Z 轴方向是指（　　）。

A. 主轴的旋转方向　　　　　　　　B. 溜板的纵向移动方向

C. 刀架的横向移动方向

2. 立式加工中心的 Z 轴方向是指（　　）。

A. 主轴的旋转方向

B. 工作台左右移动方向

C. 十字滑台前后移动方向

D. 工作台升降或刀具沿立柱上下移动方向

四、简述题

1. 简述立式加工中心的 X、Y、Z 方向。

2. 简述卧式数控铣床与 X 轴进给运动相关的部件。

任务 1-2　数控机床水平调整

任务描述

数控机床几何精度检测时，必须使机床床身处于水平位置，才能确保各项检测数据准确，不至于出现大的偏差。精密水平仪是机床水平调整常用的仪器，根据气泡偏离方向和偏离格数可知机床床身前后左右的高度偏差，然后通过调整地脚螺栓垫铁的高低，就可以逐步使机床床身处于水平位置。本任务要求根据数控机床检测标准，选择合适的检测仪器工具，完成如图 1-2-1 所示数控机床和加工中心的水平调整。

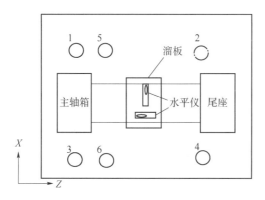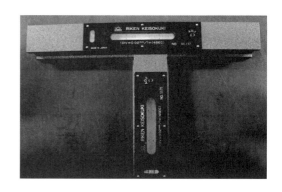

图 1-2-1　数控机床水平调整和加工中心的水平调整

任务目标

（1）了解水平仪及其使用方法，并辨别其规格、灵敏度。
（2）掌握数控车床粗调、精调水平的方法。
（3）掌握数控铣床粗调、精调水平的方法。
（4）培养学生团结协作和大局意识。

知识链接

（一）数控机床调平工具和仪器

1. 垫铁

1）垫铁的作用

在安装机床或调整机床之前，应在基础上放置垫铁，通过调整垫铁厚度，使数控机床床身（底座）处于水平状态，并将机床质量通过垫铁均匀地传递到基础上去，以增加设备的稳定性，减少设备的振动。

2）垫铁的类型

（1）按作用不同分类，可分为调整垫铁、减震垫铁和防震垫铁，如图1-2-2所示。

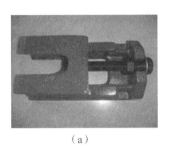

（a）　　　　　　　　　　（b）　　　　　　　　　　（c）

图1-2-2　机床常用垫铁

（a）调整垫铁；（b）减震垫铁；（c）防震垫铁

（2）按垫铁的形状分类，可分为平垫铁、斜垫铁和可调垫铁。斜垫铁必须成对使用。平垫铁或斜垫铁的尺寸可以根据设备的质量选取。

（3）按材质不同分类，可分为钢板垫铁（$t<20$ mm）和铸铁垫铁（$t>20$ mm）。

3）机床常用垫铁使用方法

（1）防震垫铁或减震垫铁使用方法：将所需垫铁放入机床地脚孔下，穿入螺栓，旋至和承重盘接触时，然后进行机床水平调节（螺栓顺时针旋转，机床升起）。调好机床水平后，旋紧螺母，固定水平状态。

（2）调整垫铁使用方法：将各垫铁（一般用6个）垫于床腿下，用扳手旋转螺母至最低，然后进行机床水平调节。

2. 水平仪

水平仪是用于机床调平以及直线度检测的一种常用仪器。

1）机床检测用水平仪类型

（1）按外形分类，可分为框式水平仪和尺式水平仪两种，如图1-2-3所示，有液体的部分通常叫作水准气泡。

图1-2-3　水平仪

（2）按数值显示方式不同分类，可分为刻度式和数显式，如图 1-2-4 所示。

（a）　　　　　　　　　　　　　　　（b）

图 1-2-4　水平仪显示方法

（a）刻度式；（b）数显式

（3）按材质分类，常用的有钢制、磁吸式，如图 1-2-5 所示。

2）水平仪规格

机床检测常用水平仪的灵敏度有 0.01 mm/m、0.02 mm/m、0.04 mm/m、0.05 mm/m 等规格。

气泡刻度一般为 2 mm，水平仪有效长度常用的有 200 mm 和 250 mm 两种。

灵敏度的含义：当水平仪置于 1 m 长的平板或直规上时，若气泡偏离 1 个刻度，则 1 m 长的平板或直规两端高度相差 1 个灵敏度值。如图 1-2-4（a）中的刻度式水平仪灵敏度为0.02 mm/m（4sec），则每偏离 1 格，两端高度相差 0.02 mm（偏离角度为 4″），如图 1-2-6 所示。

图 1-2-5　磁吸式水平仪

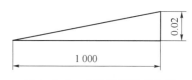

图 1-2-6　水平仪灵敏度含义

3）水平仪工作原理

（1）高低的判别。水平仪是检验机床安装面或平板是否水平及测知倾斜方向与角度大小的测量仪器，玻璃管内充满黏性系数较小的液体，并留有一小气泡，气泡在管中永远处于最高点。

如图 1-2-7 所示，表明机床左边高于右边。

（2）高度差的计算。如需测量长度为 L 的两端实际高度差，则可通过下式进行计算：

$$实际高度差 = 刻度示值 × L × 偏差格数$$

例如，刻度示值为 0.02 mm/m，$L = 250$ mm，偏差格数为 2 格，则

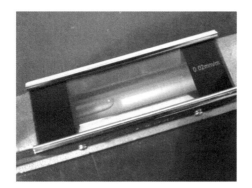

图 1-2-7　水平仪读数示例

实际高度差 = 0.02/1 000×250×2 = 0.010（mm）

一般来说，水平仪气泡偏右记为正值，如+2 格；偏左则记为负值，如−1 格。

4）水平仪使用注意事项

（1）使用前，必须先将被测量面和水平仪的工作面擦拭干净，并进行零位检查。

（2）使用调整工具小扳手，插入调整孔，拧动螺钉进行调整。气泡对中间位置的偏移，不应超过刻度示值的 1/4。

（3）测量时必须待气泡完全静止后方可读数。

（4）读数时，应垂直观察，以免产生视差。

（5）使用完毕，应进行防锈处理，放置时，注意防振、防潮。

（二）数控机床整机检测项目

1. 检测目的

数控机床性能和数控功能直接反映了数控机床各个性能指标，它们的好坏将影响到机床运行的可靠性和正确性；数控机床的几何精度直接反映主轴及各坐标轴的运行精度，几何精度对加工精度有较大影响；位置精度检测是测量机床各坐标轴在数控系统控制下所能达到的位置精度，根据实测的定位精度数值，可判断零件加工后能达到的精度。数控机床整机性能检测与精度调整是数控机床制造企业机床装调工必须掌握的岗位核心技能。

2. 检测内容

主要包括整机性能检测、几何精度检测、位置精度检测和切削精度检测等相关内容。

1）整机性能检测

（1）数控系统与电气连接：外观→控制柜→电源→输出→接口→参数设置。

（2）机械运行及辅助功能检测：主轴性能→进给性能→换刀性能→辅助功能检测。

（3）数控功能检测：插补功能→G、M 功能→操作功能→显示功能。

（4）试运行检验：空运行→负载运行。

2）几何精度检测

（1）机床调平：粗调→精调。

（2）导轨检测：单导轨的直线度→双导轨的平行度。

（3）主轴检测：径向跳动→轴向跳动→与 Z 轴相关运动的平行度。

（4）坐标轴检测：与三轴运行的平行度→三坐标轴间的垂直度。

（5）工作台检测：平面度→与坐标轴的平行度或垂直度。

（6）各部件间相互精度检测。

3）位置精度检测

包括定位精度、重复定位精度、反向间隙、原点复归精度等。

4）切削精度检测

（1）数控车床检验项目：圆度、平面度、螺纹精度、综合切削。

（2）数控铣床（加工中心）检验项目：镗孔精度、平面铣削精度、直线插补精度、斜线插补精度、圆弧插补精度。

3. 数控机床整机检测常用仪器

1）几何精度检测仪器工具

水平仪：用于调平、直线度或平行度检测。

垫铁：用于调平。

指示器：用于跳动、直线度或平行度检测。

检验棒：用于直线度、平行度、跳动、同轴度检测。

平尺：检测直线度、平行度。

方尺：用于检测各坐标轴之间的垂直度。

2）位置精度检测仪器工具

激光干涉仪、步距规：用于定位精度、重复定位精度、反向间隙、原点复归精度检测。

激光照准仪+多面体、标准转台或角度多面体、圆光栅及平行光管：用于回转位置精度检测。

3）切削精度检测仪器工具

圆度测量仪：用于圆度、圆柱度检测。

三坐标测量机：用于各项切削精度检测。

球杆仪：用于圆弧插补精度检测。

4）性能检测仪器工具

噪声检测仪：用于噪声分贝检测。

转速检测仪：用于主轴转速检测。

温度检测仪：用于主轴温升、温度检测。

任务实施

（一）准备工作

1. 实训场所及仪器设备

（1）实训场所：数控实训车间或企业现场。

（2）实训设备：卧式数控车床、立式加工中心。

（3）实训仪器工具：精密水平仪两个（0.02 mm/m），扳手一套，平尺。

2. 其他

棉纱、记录纸笔、拍照设备、教材。

（二）实施步骤

子任务1　水平仪的应用

1）水平仪零位校准

检测仪器工具：平尺、水平仪、记录纸笔、检验平台。

校准方法：

①将检测工具擦拭干净，将平尺或平板放置于检验平台（可以用钳工台代替）上。

②将水平仪放置在平尺上面，记下水平仪偏离格数和方向 a_1，并对放置位置做标记。

③将水平仪调转180°，再次放在平尺相同位置，记下水平仪偏离格数和方向 a_2。

④水平仪不动，计算 a_2-a_1，用调整螺丝刀将偏差个数向反方向调整 $(a_2-a_1)/2$。

⑤重复步骤②~④的子任务，直至 $a_1 \approx a_2$。

2）水平仪检测高度差计算

检测仪器工具：平尺、水平仪、记录纸笔、检验平台。

检测计算方法：

①观察水平仪灵敏度（如0.02 mm/m），记下水平仪规格长度（如 $L=250$ mm）。

②将校准过的水平仪放置在平尺上面，记下水平仪偏离格数和方向 a_1。

③跨度 L 的平尺两侧高度差为：实际高度差 $=0.02/1\,000 \times 250 \times a_1$。

子任务2　车床水平调整

1）车床水平粗调

检测设备及仪器工具：车床一台，扳手一套，精密水平仪两个，记录纸笔。

检测调整步骤：

①把数控车床6个地角螺栓的螺母旋下，把6个地角螺栓全部松到低点，同时螺栓与垫铁靠实。

②将数控车床溜板调至行程中间位置，两个精密水平仪以横向、纵向分别与 X 轴、Z 轴平行的位置放置在溜板上。水平仪放置位置如图1-2-8所示。

③观察水平仪的气泡方向，气泡在哪边，床身哪边就高。

用扳手调整数控车床的6个地角螺栓，使两个水平仪气泡均处于居中位置，完成粗调。

（2）车床水平精调

①数控车床通电，用指令或手轮沿 Z 轴方向（纵向）左右移动溜板，注意移动速度要慢。

②先用指令或手轮移动溜板到主轴箱端，待溜板稳定后观察水平仪中的气泡位置，用扳手调整垫铁的高低，使水平仪气泡居中，如图1-2-9（a）所示。

③用指令或手轮移动溜板到尾座端，根据水平仪气泡位置调节相应地角螺栓使其尽量居中，如图1-2-9（b）所示。

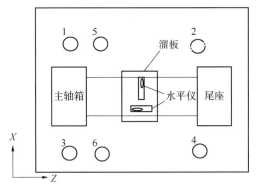

图 1-2-8　数控车床水平粗调

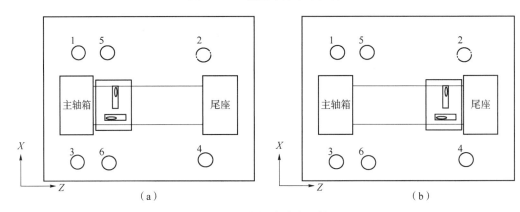

图 1-2-9　数控车床水平精调

注：此时的气泡经过粗调后已偏离中心不大，所以在调地角螺栓时要轻要慢。

④重复步骤②、③子任务，反复调整。

⑤移动数控车床溜板从主轴箱端到尾座端，观察气泡位置，移动时气泡允许晃动，移动停止待稳定后，气泡变化在1格之内，偏差值在0.02 mm。最后将1~4螺母旋紧，再将中间5、6地角螺栓、螺母旋紧，使气泡尽量居中。数控车床精调操作完成。

子任务3　铣床水平调整

1）铣床水平粗调

检测设备及仪器工具：立式数控铣床一台，扳手一套，精密水平仪两个，记录纸笔。

数控机床调平

检测调整过程：

①将数控铣床工作台调至X行程及Y行程中间位置，两个精密水平仪以横向、纵向分别与X轴、Y轴平行的位置放置在工作台中央表面上。水平仪放置位置如图1-2-10所示。

②观察两个水平仪气泡偏离情况，调整相应的垫铁，直至两个水平仪气泡基本居中。

2）铣床水平精调

调整过程：

①用指令或手轮沿着X轴方向缓慢移动工作台至X行程的左端，观察气泡并调整相应的地脚螺栓，使得两个水平仪气泡居中。

图 1-2-10 数控铣床水平调整

②移动工作台至 X 行程中间，观察气泡并调整。

③移动工作台至 X 行程右端，同样观察并调整。

④重复步骤①~③子任务，反复调整，直至每一位置气泡偏离均不超过允差（1格）0.02 mm 为止，则数控铣床水平调整完成。

（三）实施记录

1. 水平仪应用

水平仪调整记录填入表 1-2-1。

实训记录表 1-2-1　水平仪调整

实训仪器工具：

序号	实训过程	文字说明	照片
1	了解水平仪规格		
2	水平仪调零		
3	水平仪读数		
4	高度差计算		
5			

2. 机床调平（数控车床或数控铣床）

数控机床水平调整记录填入表 1-2-2。

实训记录表 1-2-2　数控机床水平调整

机床名称/编号：

序号	实训步骤	文字说明	照片记录
1	仪器工具准备		
2	仪器工具放置（粗调）		
3	机床调整（粗调）		
4	仪器工具放置（精调）		
5	机床调整（精调）		
6	调整完成		

检查与评估

1. 过程检查（表 1-2-3）

表 1-2-3　过程检查表

序号	检查项	自查	教师检查
1	5S 管理： A. 实训之前，是否按时到岗； B. 实训过程中，是否按要求拍照记录； C. 实训之后，是否打扫清洁，仪器设备是否按要求摆放； D. 实训之后，是否按时提交表格（电子版）		
2	规范性检查： A. 照片拍摄是否完整； B. 照片与文字是否对应		

2. 结果检查

1）目测检查（表 1-2-4）

表 1-2-4　目测检查表

序号	性能及目测		评估	
			学生自评	教师评价/互评
1	提交了表格	目测		
2	过程有文字描述			
3	过程有照片记录			
	目测结果			
	评价成绩		N_1: 　　N_2:	N_3:

不合格原因分析，如何改进？

_____

_____

_____

_____

_____

_____

_____

_____

_____

2）内容检测（表1-2-5）

表1-2-5 内容检测表

序号	检测项	测量记录		尺寸评估	
		学生	教师	学生自评	教师评价
1	文字描述是否正确完整				
2	照片记录是否对应正确				
	检测结果				
	评价成绩			M_1:	M_2:

不合格原因分析，如何改进？

_____

_____

_____

_____

_____

_____

_____

_____

_____

_____

_____

_____

3. 结果评估与分析

1）综合评价（表1-2-6）

主观得分：$X_{1,1} = \dfrac{提交表格数}{评估点数} \times 系数 = \dfrac{N_1}{2} \times 1 =$

$X_{1,2} = \dfrac{对应文字}{评估点数} \times 系数 = \dfrac{N_2}{10} \times 2 =$

$X_{1,3} = \dfrac{对应照片}{评估点数} \times 系数 = \dfrac{N_3}{10} \times 2 =$

客观得分：$X_{2,1} = \dfrac{文字描述}{评估点数} \times 系数 = \dfrac{M_1}{10} \times 3 =$

$X_{2,2} = \dfrac{照片正确}{评估点数} \times 系数 = \dfrac{M_2}{10} \times 2 =$

表 1-2-6　综合评价表

项目	结果
主观得分 $X_1 = X_{1,1} + X_{1,2} + X_{1,3}$	
客观得分 $X_2 = X_{2,1} + X_{2,2}$	
百分制得分实际得分（主观分+客观分）	

学生签名：_____　教师签名：_____　日期：_____

2）总结分析

_____

_____

_____

_____

_____

_____

_____

_____

_____

_____

_____

_____

_____

思考与扩展

一、填空题

1. 机床检测用尺调试水平仪常见灵敏度有_____、_____、_____、_____等几种。

2. 数控机床整机检测包括_____、_____、_____、_____等。

3. 数控机床水平调整需要用到的仪器/工具有_____、_____等。

二、判断题

1. 机床在进行几何精度检测之前，应该先调整机床水平。（　　　）

2. 机床水平调整的要求是调整后，0.02 m/m 灵敏度的精密水平仪气泡偏差不超过 1 格。（　　　）

三、多项选择题

1. 在机床水平调整时，若两个水平仪的气泡分别是偏右和偏前，则应该进行的调整操作是（　　）。

 A. 调高左后角调整垫   B. 调高右前角调整垫

 C. 调低右前角调整垫   D. 调低左后角调整垫

2. 数控车床水平调整时，需要用到的检测及调整仪器工具有（　　）。

 A. 精密水平仪   B. 调整垫铁   C. 扳手   D. 螺丝刀

四、计算题

若用 0.02 mm/m 的精密水平仪检测一段导轨，已知精密水平仪的有效长度为 $L =$ 250 mm，检测时气泡向右偏离了 3.4 格，请判断这段导轨哪边高，高多少？

任务二

数控车床
几何精度检测

任务 2-1　数控车床导轨几何精度检测

任务描述

车床导轨安装在车床床身上，主要形式有矩形导轨和山形导轨，其功能是用来支撑溜板并保证溜板能够沿着正确的方向移动。基准导轨的直线度以及两导轨的平行度误差是否满足精度要求，直接关系到溜板能否沿着 Z 轴方向正确移动。若导轨的直线度或平行度超过允差，必然造成车床切削轴类工件时尺寸不合格以及表面形状（如圆度和圆柱度）不合要求，这样加工出来的零件就无法满足机械机构的应用，因此导轨直线度和平行度检测是数控机床制造精度是否达标的一项重要任务。本任务要求根据数控车床检测标准，选择合适的检测仪器工具，完成如图 2-1-1 所示车床导轨的直线度和平行度检测。

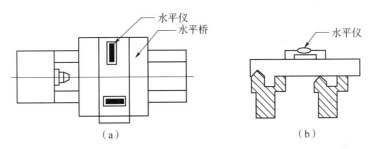

图 2-1-1　水平仪检测车床导轨的直线度和平行度

任务目标

1. 能够绘制图形计算导轨的直线度，并判断直线度是否超标。
2. 能够利用水平仪检测基准导轨的直线度。
3. 能够利用板桥和水平仪检测两导轨的平行度。
4. 培养注重质量、追求精度的工匠精神。

知 识链接

（一）数控车床几何精度检测项目

1. 检测内容

数控车床几何精度综合反映机床主要零部件组装后线和面的形状误差、位置或位移误差，其主要检测内容为与主运动以及进给运动相关的机械功能部件（见图 2-1-2）的几何形状精度及其相互位置精度。

图 2-1-2　切削运动相关部件

2. 主要检测项目

GB/T 16462.1—2007《数控车床和车削中心检验条件　第 1 部分：卧式机床几何精度检验》标准规定了床身上最大回转直径范围 1（$D \leq 250$ mm）、范围 2（250 mm$< D \leq 1\,000$ mm）、范围 3（500 mm$< D \leq 1\,000$ mm）的数控卧式车床的几何精度项目和检验方法。该标准有 G1~G24 项检验项目，其中，最常用到的检测项目有 12 项，主要检测部位包括导轨、溜板、横刀架、主轴、尾座及顶尖（见表 2-1-1）。主要检测项目有导轨的直线度与平行度，溜板直线度及其与主轴轴线、尾座移动的平行度，主轴的轴向跳动和径向跳动，尾座顶尖与主轴顶尖的等高度，横刀架横向移动与主轴轴线的垂直度等。

表 2-1-1　常见检测项目

检测代号	检测部位	项目名称	允差要求
G1	车床导轨	1-1　导轨的直线度 1-2　两导轨的平行度	1-1　导轨的直线度 （1）$D_c \leq 500$ mm，全行程直线度允差 0.01 mm；500 mm$< D_c \leq 1\,000$ mm，全行程直线度允差 0.02 mm； （2）局部允差 0.007 5 mm/任意 250 mm； （3）只允许凸。 2-2　两导轨的平行度 $D_c \leq 500$ mm，平行度允差 0.04 mm。（注：D_c 为车床最大回转直径）
G2	车床溜板	溜板移动的直线度（水平面内）	$D_c \leq 500$ mm，允差为 0.015 mm；500 mm$< D_c \leq 1\,000$ mm，允差为 0.02 mm
G3		尾座移动对溜板移动的平行度	（1）全行程平行度误差，当 $D_c \leq 1\,500$ mm 时，垂直面内和水平面内的平行度允差均为 0.03 mm； （2）任意 500 mm 测量长度内，允差均为 0.02 mm

检测代号	检测部位	项目名称	允差要求
G4	主轴	4-1　主轴端部的轴向窜动 4-2　主轴支承轴颈的端部跳动	（1）0.01 mm； （2）0.02 mm
G5		主轴定心轴颈的径向圆跳动	0.01 mm
G6		主轴锥孔轴线的径向圆跳动	（1）轴端部，0.01 mm； （2）距轴端 300 mm 处，0.02 mm
G7		主轴轴线对溜板移动的平行度	（1）垂直面内，0.02 mm，只允许上凸； （2）水平面内，0.015 mm，只允许前凸
G8		主轴的顶尖跳动	0.015 mm
G9	尾座	尾座套筒轴线对溜板移动的平行度	（1）垂直面内，0.015 mm，只允许上凸； （2）水平面内，0.010 mm，只允许前凸
G10		尾座套筒锥孔轴线对溜板移动的平行度	（1）垂直面内，0.03 mm/300 mm，只允许上凸 （2）水平面内，0.03 mm/300，只允许前凸
G11		主轴箱和尾座两顶尖的等高度	0.04 mm，只允许尾座高
G12	横刀架	横刀架横向移动对主轴轴线的垂直度	0.02 mm/300 mm，只允许 $\alpha > 90°$

（二）车床导轨及其要求

1. 车床导轨功能及其类型

1）功能

导轨作为车床上的导向部件，主要有两个作用：一是支撑作用，即支撑放置在其上的滑动部件的重力；二是导向作用，即确保滑动部件正确的移动方向。

2）类型

（1）按导轨形式分类：数控车床导轨可以分为滑动导轨、滚动导轨、静压导轨和气浮导轨等。其中比较常用的滑动导轨有镶钢贴塑导轨和铸铁-贴塑面导轨，如图 2-1-3、图 2-1-4 所示；滚动导轨比较常用的是直线导轨，主要由导轨、导轨滑块和滚动体及反向机构组成，如图 2-1-5 所示。

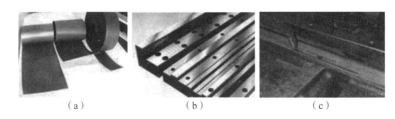

图 2-1-3 镶钢贴塑导轨

（a）聚四氟乙烯带；（b）镶钢导轨；（c）机床实例

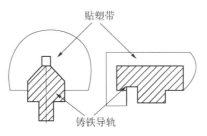

图 2-1-4 铸铁-贴塑面导轨

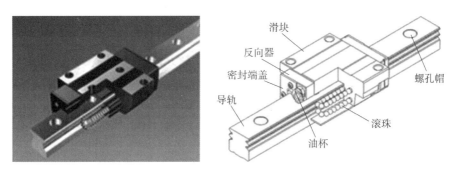

图 2-1-5 直线导轨副

（2）按导轨截面形状分类：有 V 形导轨（也称为山形导轨）、双 V 形导轨（矩形导轨）、圆柱导轨、燕尾槽导轨等，如图 2-1-6 所示。

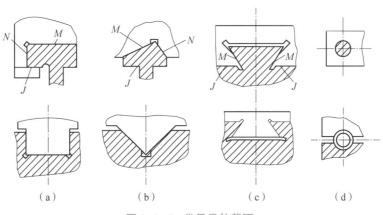

图 2-1-6 常见导轨截面

（3）按导轨支撑对象分类：卧式数控车床床身上有两对导轨。平床身数控车床的导轨为一大山形导轨和平导轨的组合，供床鞍（溜板）纵向移动；尾座导轨为一小山形导轨和平导轨的组合，供尾座纵向移动。斜床身数控车床的床身导轨为一对大平导轨，尾座导轨为一对小平导轨。

3）对车床导轨的要求

具备较好的强度和刚度，摩擦系数小，支承面及导向面光滑平直。对单个导轨有直线度要求，对一对导轨有平行度要求。

2. 直线度与平行度

（1）直线度：实际直线相对于理想直线的偏差，也就是在检测平面内包含实际直线的与理想直线平行的两条包络线之间的垂直距离，如图 2-1-7 所示。

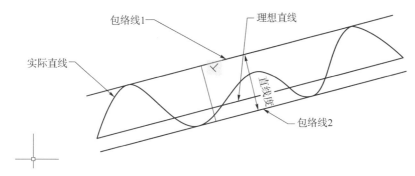

图 2-1-7　直线度定义

机床导轨的直线度误差包括水平面内的直线度误差和竖直面内的直线度误差。目前，导轨直线度检测常用方法主要包括水平仪检测法（只适用于垂直面内）、准直仪检测法以及平尺拉表法等。

（2）平行度：被测直线或被测平面相对于基准直线或基准平面的偏差，即包含被测直线（或平面）的两个平行包络平面之间的垂直距离。一对导轨的平行度误差包括垂直面内的平行度误差和水平面内的直线度误差，常用检测方法为水平仪检测法（只适用于垂直面内）、平尺拉表法。

3. 导轨检测常用仪器、工具

（1）精密水平仪：常用规格为 0.02 mm/m。

（2）检测桥板：桥板是带有两个支承面的金属板，桥板两端支承面中心线之间的距离称为跨距。可以配合水平仪、光学平直仪、电子水平仪用来检测平板、平尺、机床工作台、导轨和精密工件的直线度、平行度和平面度。检测可调桥板如图 2-1-8 所示。

（3）大理石平尺：大理石平尺（见图 2-1-9）又名花岗岩平尺、工字平尺等，是经人工研磨而制成的精密测量工具，主要用于机床工作台、导轨和精密工作面的平面度、直线度的测量。其精度等级主要有 0 级和 00 级，其规格有 500/750/1000/1500 等。

图 2-1-8　检测可调桥板

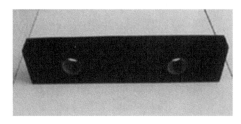

图 2-1-9　大理石平尺

4. 直线度误差数据处理方法

1）检测过程

（1）将被测实际轮廓的长度等分为 4~5 段，把精密水平仪固定在溜板上靠近前导轨处。

（2）沿被测实际轮廓一段接一段地移动溜板进行测量，将水平仪的读数依次记录。

2）检测实例

例如检验一台数控车床，溜板每移动 250 mm 测量一次，精密水平仪刻度值为 0.02/1 000；溜板在各个测量位置时水平仪读数依次为：+1.8 格、+1.4 格、-0.8 格、-1.6 格，根据这些读数画出纵向导轨在垂直平面内的直线度，如图 2-1-10 所示。

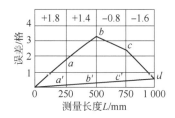

图 2-1-10　直线度误差数据处理

3）导轨直线度全行程误差计算

$$\delta_{全} = \overline{bb'} \times \frac{0.02}{1\ 000} \times 250 = 2.8 \times \frac{0.02}{1\ 000} \times 250 = 0.014\,(\text{mm})$$

4）导轨直线度局部误差计算

$$\delta_{局} = (\overline{aa'} - 0) \times \frac{0.02}{1\ 000} \times 250 = 1.6 \times \frac{0.02}{1\ 000} \times 250 = 0.008\,(\text{mm})$$

任务实施

（一）准备工作

1. 实训场所及仪器设备

（1）实训场所：数控实训车间或企业现场。

（2）实训设备：平床身或斜床身数控车床。

（3）实训仪器、工具：精密水平仪（0.02 mm/m）两个，可调板桥，扭力扳手。

2. 其他

记录纸笔、拍照设备、教材。

（二）实施步骤

子任务1 车床导轨的直线度（垂直面内）检测

1）安装仪器工具

（1）将检测板桥安装在两导轨之后，并调整跨距 L（说明：也可以将水平仪直接放在溜板上）。

（2）将精密水平仪平行于 Z 轴方向放置在板桥上，靠近前导轨，如图2-1-11所示。

数控车床导轨
直线度检测

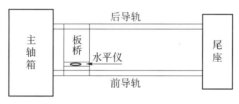

图2-1-11 水平仪放置位置

2）检测过程

（1）将板桥置于主轴端导轨上（最左侧），读取水平仪偏离格数并记录。

（2）向右移动板桥1个跨距 L（一般取 $L=250$ mm），再次读取水平仪偏离格数并记录。

（3）依次移动板桥，并记录水平仪偏离格数。

3）直线度误差计算与判断

（1）计算各点累计偏离格数。

（2）绘制图形，横坐标为跨距或点号，纵坐标为偏离格数，得到各点 $a/b/c/d$；将各个点以折线相连 $0-a-b-c-d$；将首尾两个点连直线（理想直线）$0-d$；绘制两条与理想直线平行的包络线；量取两条包络线之间的垂直距离（格数）。若各点均在理想直线 $0-d$ 的一侧，可以直接量取累计偏离最大值。

（3）全行程直线度误差计算：$\delta_{全}=$ 最大累计偏离格数值 $\times \dfrac{0.02}{1\,000} \times L$。

局部直线度误差计算：$\delta_{局}$=各段中最大偏离格数值$\times\dfrac{0.02}{1\,000}\times L$。

（4）判断：将计算值分别与允差进行比较，若小于允差，则为合格，否则需要调整。

①$D_c\leqslant500$ mm，全行程直线度允差 0.01 mm；500 mm$<D_c\leqslant1\,000$ mm，全行程直线度允差 0.02。

②局部允差 0.007 5 mm/任意 250 mm。

③只允许凸。

4）机床导轨调整

若严重超差，则导轨面需要用油石研磨或返修；若超差不严重，可以用扭力扳手重新调整导轨安装螺钉的高低。

数控车床两导轨
平行度检测

子任务2 车床两导轨的平行度（垂直面内）检测

1）安装仪器工具

（1）将检测板桥安装在两导轨之后，并调整跨距 L（说明：也可以将水平仪直接放在溜板上）。

（2）将精密水平仪平行于 X 轴方向放置在板桥上，放在两导轨之间，如图 2-1-12 所示。

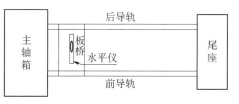

图 2-1-12　水平仪放置位置

2）检测过程

（1）将板桥置于主轴端导轨上（最左侧），读取水平仪偏离格数并记录，气泡偏前（靠近观测者）记为−，气泡偏后记为+；

（2）向右移动板桥 1 个跨距 L（一般取 $L=250$ mm），再次读取水平仪偏离格数并记录；

（3）依次移动板桥，并记录水平仪偏离格数。

3）平行度误差计算与判断

（1）计算：偏离格数值=最大正偏离格数−最大负偏离格数。

（2）平行度误差计算：$\delta_{全}$=偏离格数值$\times\dfrac{0.02}{1\,000}\times L$。

（3）判断：将计算值分别与允差进行比较，若小于允差，则为合格，否则需要调整。

（4）$D_c\leqslant500$ mm，平行度允差 0.04 mm。

4）机床导轨调整

若超差不严重，可以用扭力扳手重新调整后导轨的安装螺钉的高低。

（三）实施记录

1. 导轨直线度误差（垂直面内）检测：记录表（表 2-1-2）填写

实训记录表 2-1-2　导轨直线度误差（垂直面内）检测

机床名称/编号：

序号	实训步骤	过程及实训记录值	实训记录照片
1	仪器工具安装		
2	检测：读取各段水平仪读数		（4张照片）
3	绘图与计算		
4	判断		
5	调整		

2. 两导轨平行度误差检测：记录表（表 2-1-3）填写

实训记录表 2-1-3　两导轨平行度误差检测

机床名称/编号：

序号	实训步骤	过程及实训记录值	实训记录照片
1	仪器工具安装		（1张照片）
2	检测：		（4张照片）
3	计算平行度误差		（绘图及计算照片）
4	判断		
5	调整		

检查与评估

1. 过程检查（表 2-1-4）

表 2-1-4　过程检查表

序号	检查项	自查	教师检查
1	5S 管理： A. 实训之前，是否按时到岗； B. 实训过程中，是否按要求拍照记录； C. 实训之后，是否打扫清洁，仪器设备是否按要求摆放； D. 实训之后，是否按时提交表格（电子版）		
2	规范性检查： A. 照片拍摄是否完整； B. 照片与文字是否对应		

2. 结果检查

1）目测检查（表2-1-5）

表2-1-5　目测检查表

序号	性能及目测		评估	
			学生自评	教师评价/互评
1	提交了表格	目测		
2	项目有对应照片			
3	是否有记录及计算过程			
目测结果				
评价成绩			N_1: N_2:	N_3:

不合格原因分析，如何改进？

_____

_____

_____

_____

_____

_____

_____

_____

_____

_____

2）内容检测（表2-1-6）

表2-1-6　内容检测表

序号	检测项	检测记录	
		学生	教师
1	检测步骤是否完整		
2	数据记录是否完整		
检测结果			
评价成绩		M_1:	M_2:

不合格原因分析，如何改进？

_____

_____

3. 结果评估与分析

1) 综合评价 (表 2-1-7)

主观得分：$X_{1,1} = \dfrac{提交表格数}{评估点数} \times 系数 = \dfrac{N_1}{2} \times 1 =$

$X_{1,2} = \dfrac{对应照片}{评估点数} \times 系数 = \dfrac{N_2}{12} \times 2 =$

$X_{1,3} = \dfrac{数据记录}{评估点数} \times 系数 = \dfrac{N_3}{8} \times 2 =$

客观得分：$X_{2,1} = \dfrac{检测步骤}{评估点数} \times 系数 = \dfrac{M_1}{10} \times 3 =$

$X_{2,2} = \dfrac{记录数据}{评估点数} \times 系数 = \dfrac{M_2}{8} \times 2 =$

表 2-1-7　综合评价表

项目	结果
主观得分 $X_1 = X_{1,1} + X_{1,2} + X_{1,3}$	
客观得分 $X_2 = X_{2,1} + X_{2,2}$	
百分制得分实际得分（主观分+客观分）	

学生签名：_____　　教师签名：_____　　日期：_____

2) 总结分析

思考与扩展

一、填空题

1. 数控车床导轨几何精度检测代号为_____，包括车床导轨_____检测和两导轨_____检测两项。

2. 检测车床导轨直线度所用的水平仪精度一般为_____。

3. $D_c \leqslant 500$ mm，车床导轨直线度全行程允差为_____，局部允差为_____，只允许_____。

4. $D_c \leqslant 500$ mm，车床两导轨平行度全行程允差为_____。

二、单项选择题

1. 车床导轨直线度检测时水平仪应该平行于（   ）放置。

A. X 方向　　　　　B. Z 方向　　　　　C. Y 方向　　　　　D. 倾斜方向

2. 车床导轨直线度检测时，水平仪的放置位置应该在（   ）。

A. 靠近前导轨　　　B. 靠近后导轨　　　C. 两导轨中间　　　D. 任意位置

3. 两导轨平行度度检测时水平仪应该平行于（   ）放置。

A. X 方向　　　　　B. Z 方向　　　　　C. Y 方向　　　　　D. 倾斜方向

4. 车床两导轨平行度检测时，水平仪的放置位置应该在（   ）

A. 靠近前导轨　　　B. 靠近后导轨　　　C. 两导轨中间　　　D. 任意位置

三、计算题

检验一台数控车床，溜板每移动 250 mm 测量一次，精密水平仪刻度值为 0.02/1 000；溜板在各个测量位置时水平仪读数依次为：+1.6 格、+1.2 格、-1.0 格、-1.4 格。试用图表法计算其全行程直线度和局部直线度，并判断是否超差。

四、拓展题

1. 简述卧式数控车床可沿着 Z 轴方向运动的部件有哪些。

2. 查阅资料，简述平尺拉表法检测车床导轨直线度（在垂直面内）的方法。

任务 2-2　数控车床溜板几何精度检测

◣ 任务描述

车床溜板又称滑鞍，是安装在车床导轨上的滑动部件，属于进给部件，其功能是带着刀架在 Z 轴方向进给。而尾座安装在车床右部小导轨上，并且可以沿小导轨左右滑动。溜板的移动方向必须与 Z 轴方向平行，尾座移动的方向也必须与溜板移动的方向平行。溜板能否沿着 Z 轴方向正确移动，直接关系到车削零件的圆度和圆柱度误差以及其零件直径尺寸是否一致。本任务要求根据数控车床检测标准，选择合适的检测仪器工具，完成如图 2-2-1 所示溜板移动在水平面内的直线度检测以及尾座移动对溜板移动的平行度检测。

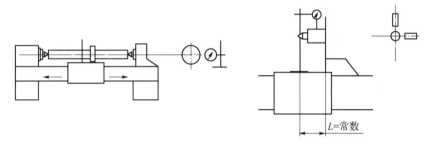

图 2-2-1　数控车床溜板几何精度检测

◣ 任务目标

（1）了解指示仪及其使用方法，并辨别其精度及规格。
（2）了解检验棒类型及其规格、应用。
（3）能够检测溜板移动在水平面内的直线度。
（4）能够检测尾座移动对溜板移动的平行度。
（5）培养学生爱岗敬业、以技报国的爱国情怀。

知 识链接

（一）检测仪器及检测工具

1. 指示仪

指示仪包括数显式指示仪和指针式指示仪，按测量精度可以分为百分表和千分表，二者结构及使用方法相同，只是测量精度不同，百分表一般精确到 0.01 mm，常用的千分表精确到 0.002 mm。

1）百分表

（1）作用：百分表是一种利用精密齿条齿轮机构制成的表式通用长度测量工具，主要用于检测工件的形状和位置误差（如圆度、平面度、垂直度、跳动等），也可用于校正零件的安装位置以及测量零件的内径等。

（2）结构及规格：通常由测头、量杆、防振弹簧、齿条、齿轮、游丝、圆表盘及指针等组成，如图 2-2-2 所示。测量精度为 0.01 mm，测量范围有 0~3 mm，0~5 mm，0~10 mm 等几种。

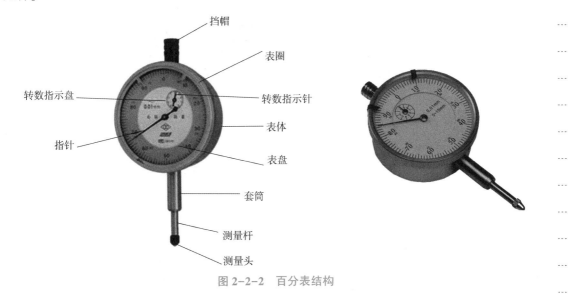

图 2-2-2　百分表结构

（3）工作原理：将被测尺寸引起的测杆微小直线移动，经过齿轮传动放大，变为指针在刻度盘上的转动，从而读出被测尺寸的大小。百分表是利用齿条齿轮或杠杆齿轮传动，将测杆的直线位移变为指针的角位移的计量器具。

（4）读数方法：先读小指针转过的刻度线（即毫米整数），再读大指针转过的刻度线（即小数部分），并乘 0.01，然后两者相加，即得到所测量的数值。

★使用百分表的注意事项

①百分表应可靠固定在表架上。

②百分表应牢固地装夹在表架上，夹紧力不宜过大，以免使装夹套筒变形，卡住测杆，应检查测杆移动是否灵活。夹紧后，不可再转动百分表。

③百分表测杆与被测工件表面必须垂直，否则将产生较大的测量误差。测量圆柱形工件时，测杆轴线应与圆柱形工件直径方向一致。

④测量前需检查百分表是否夹牢又不影响其灵敏度，为此可检查其重复性，在重复性较好的情况下才可以进行测量。

⑤在测量时，应轻轻提起测杆，把工件移至测头下面，缓慢下降测头，使之与工件接触，不准把工件强迫推入至测头下面，也不准过急下降测头，以免产生瞬时冲击测力，给测量带来误差。在测头与工件表面接触时，测杆应有 0.3~1 mm 的压缩量，以保持一定的起始测量力。

⑥根据工件的不同形状，可自制各种形状的测头进行测量。

⑦测量杆上不要加油，免得油污进入表内，影响表的传动件和测杆移动的灵活性。

2）杠杆百分表

（1）结构及原理：杠杆百分表是一种借助于杠杆-齿轮或杠杆-螺旋传动机构，将测杆摆动变为指针回转运动的指示式量具，如图2-2-3所示。

图2-2-3　杠杆百分表

（2）适用范围：杠杆百分表测量范围一般为0~0.8 mm。由于杠杆百分表的测杆可以转动，而且可按测量位置调整测量端的方向，因此适用于测量百分表难以测量的小孔、凹槽、孔距、坐标尺寸等。

★使用杠杆百分表的注意事项

①根据杠杆百分表的工作原理，可以清楚地看出，测杆（杠杆短臂）的有效长度直接影响测量误差，因此在测量工作中必须尽可能使测杆的轴线垂直于工件尺寸线。

②如果由于特殊工件的测量需要，无法调整测杆轴线使工件尺寸线与测量线重合，将会使测杆的有效长度减小，指示读数增大，则应对测量结果进行修正。

2. 磁性表座

（1）功能：磁性表座，也称为万向表座，用来支撑指示类量具（如百分表等）及其他仪器（如激光干涉仪镜组）的常用检测工具，广泛应用于机床几何精度检测中。

（2）结构：如图2-2-4所示。

（3）使用方法：

①将磁性表座座体工作面和被吸附面擦拭干净。

②把支撑杆5的固定螺丝3旋入座体上的螺孔并垫好铜垫片2。

③将指示类量具表颈插入微调件6的夹表孔，并旋紧锁紧螺杆8。

④旋转开关1至"ON"处，座体即与被吸附表面吸牢。

⑤旋松旋钮4，支撑杆5关节全部松动，调整到需要的位置后再旋紧旋钮4。

⑥当要对量具的位置微调时，旋动微调件6上的微调旋钮7即可。

⑦使用结束后应将旋转开关1旋至"OFF"处，座体即可从被吸附面上方便取下。

★磁性表座维护保养

①磁性表座在非使用状态，应将开关旋至"OFF"处。

②长期不用时，应将座体工作面清洁干净并涂防锈油，储存于干燥处。

③座体部分的零件不可随意拆卸，以免影响工作磁力。

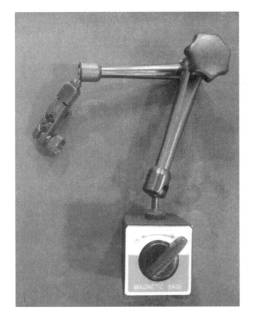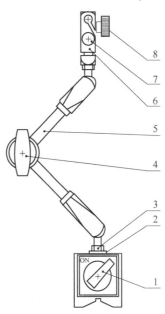

图 2-2-4 磁性表座结构

1—旋转开关；2—铜垫片；3—固定螺丝；4—旋钮；5—支撑杆；6—微调件；7—微调旋钮；8—锁紧螺杆

3. 检验棒

（1）功能：机床检验棒是机床制造及修理工作中的常备工具，代表在规定范围内需检验的轴线或直线，主要用来检查主轴、套筒类零部件的径向跳动、轴向窜动、同轴度、平行度等精度项目。

（2）类型：根据被检测对象不同，检验棒可以分为锥柄检验棒、直柄检验棒和专用检验棒等三类。其中，锥柄检验棒又分为莫氏锥度、7：24 锥度；专用检验棒按受检对象的实际结构（内外锥体、内外圆柱等）设计制造。

检验棒类型及规格，如表 2-2-1 所示。

表 2-2-1　机床检测检验棒类型

类型	规格	测量长度/mm	类型	规格	测量长度/mm
莫氏锥柄圆柱检验棒	2#	150	7：24 锥柄检验棒	2#	300
	3#	250		3#	300
	4#	300	7：24 锥柄短检验棒	2#	125
	5#	300		3#	125
	6#	500	圆柱直棒	1#	300
莫氏锥度圆柱短检验棒	2#	105		2#	500
	3#	130		3#	600
	4#	160		4#	800
	5#	200		5#	1 000
	6#	260			

数控车床检测常用的检验棒有6#、4#莫氏锥度检验棒和直检验棒，如图2-2-5所示。检验棒属于精密检测工具，按照"JB/T 9881-1999 检验棒"制造。

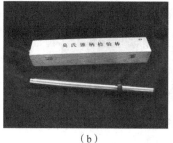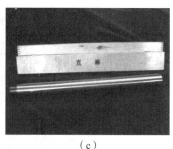

（a）　　　　　　　　　　（b）　　　　　　　　　　（c）

图2-2-5　机床检测常用检验棒

（a）6#莫氏锥柄检验棒；（b）4#莫氏锥柄检验棒；（c）直柄检验棒

◣任务实施

（一）准备工作

1. 实训场所及仪器设备

（1）实训场所：数控实训车间或企业现场。

（2）实训设备：卧式数控车床。

（3）实训仪器、工具：百分表及磁性表座，直检验棒，两顶尖，内六角扳手。

2. 其他

记录纸笔、拍照设备、教材。

（二）实施步骤

子任务1　百分表的使用

（1）装夹：将百分表装夹在磁性表座；磁性表座吸附在车床床身上；调整磁性表座使百分表触头垂直接触待测部位，并使其触头有较小的压缩量。

（2）读数：读出百分表小表盘读数 a_1 和大表盘读数 b_1，则百分表实际读数为 $a_1+0.01b_1$。

（3）记录：记下百分表读数。

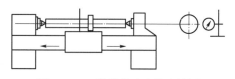

数控车床溜板移动

直线度检测

子任务2　溜板移动在水平面内的直线度检测

（1）仪器工具的装夹：如图2-2-6所示，在车床主轴锥孔及尾座锥孔中分别装入顶尖；调整尾座左右位置，将直柄检验棒装在两顶尖之间；移动溜板靠近车床主轴端，将磁性表座吸附在溜板上，装入百分表，并使百分表触头垂直触及检验棒侧母线。

图2-2-6　溜板移动直线度检测

（2）校正：读出百分表读数并记录为 a_1；移动溜板到尾座端，读出百分表读数 b_1；若 $b_1 < a_1$，则向前方（靠近观测者的方向）调整尾座，否则向后方调整尾座位置，直至 $b_1 = a_1$。

（3）检测记录：将溜板移到主轴端，读取百分表读数；沿 Z 轴方向向右移动溜板直到尾座端，始终观察百分表指针读数的变化情况，记下百分表指针读数的最大值和最小值。

（4）计算及判断：百分表读数的最大代数差值即溜板移动在水平面内的直线度误差；与允差进行比较，判断是否超差。$D_c \leqslant 500$ mm，允差为 0.015 mm；500 mm $< D_c \leqslant 1\ 000$ mm，允差为 0.02 mm。（注：D_c 为机床工件的最大回转直径。）

（5）调整：若少量超差，则可调整导轨侧面的安装螺钉。若超差严重，则必须返修。

子任务3　尾座移动对溜板移动的平行度检测

（1）仪器工具装夹：如图 2-2-7 所示，将尾座和溜板均移动到最右端，将磁性表座吸附在溜板上，装入百分表，并使百分表触头垂直触及近尾座体端面的顶尖套（上母线（a）或侧母线（b））上，锁紧顶尖套。

（2）检测记录：沿 Z 方向向左同步移动尾座和溜板，始终观察百分表指针读数的变化情况，记下百分表指针读数的最大值和最小值。

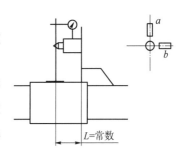

图 2-2-7　尾座移动对溜板
移动平行度检测
a—垂直面内；b—水平面内

（3）计算及判断：百分表读数的最大代数差值即尾座移动对溜板移动在垂直面内（a. 百分表触及上母线时）或在水平面内（b. 百分表触及侧母线时）的平行度误差；与允差进行比较，判断是否超差。

①全行程平行度误差，当 $D_c \leqslant 1\ 500$ mm 时，垂直面内和水平面内的平行度允差均为 0.03 mm；

②任意 500 mm 测量长度内，允差均为 0.02 mm。（注：D_c 为机床工件的最大回转直径）

（4）调整：若超差，可以调整尾座导轨相应的安装螺钉的高低（垂直面内）或前后位置（水平面内）。

（三）实施记录

1. 溜板移动在水平面内的直线度检测（表 2-2-2）

实训记录表 2-2-2　滑板移动在水平面内的直线度检测

序号	实训过程	文字说明	照片
1	仪器工具准备		
2	仪器工具安装		
3	校正和检测		
4	计算和判断		
5	调整		

2. 尾座移动对溜板移动在垂直面内的平行度检测（表2-2-3）

实训记录表2-2-3　尾座移动对溜板移动在垂直面内的平行度检测

序号	实训过程	文字说明	照片
1	仪器工具准备		
2	仪器工具安装		
3	检测记录		
4	计算和判断		
5	调整		

3. 尾座移动对溜板移动在水平面内的平行度检测（表2-2-4）

实训记录表2-2-4　尾座移动对溜板移动在水平面内的平行度检测

序号	实训过程	文字说明	照片
1	仪器工具准备		
2	仪器工具安装		
3	检测记录		
4	计算和判断		
5	调整		

检查与评估

1. 过程检查（表2-2-5）

表2-2-5　过程检查表

序号	检查项	自查	教师检查
1	5S管理： A. 实训之前，是否按时到岗； B. 实训过程中，是否按要求拍照记录； C. 实训之后，是否打扫清洁，仪器设备是否按要求摆放； D. 实训之后，是否按时提交表格（电子版）		
2	规范性检查： A. 照片拍摄是否完整； B. 照片与文字是否对应		

2. 结果检查

1) 目测检查（表 2-2-6）

表 2-2-6　目测检测表

序号	性能及目测		评估	
			学生自评	教师互评/互评
1	提交了表格	目测		
2	项目有对应照片			
3	是否有记录及计算过程			
目测结果				
评价成绩			N_1：　　N_2：　　N_3：	

不合格原因分析，如何改进?

_____

_____

_____

_____

_____

_____

_____

_____

2) 内容检测（表 2-2-7）

表 2-2-7　内容检测表

序号	检测项	检测记录	
		学生	教师
1	检测步骤是否完整		
2	数据记录是否完整		
检测结果			
评价成绩		M_1：　　M_2：	

不合格原因分析，如何改进?

_____

_____

_____

3. 结果评估与分析

1）综合评价（表 2-2-8）

主观得分：$X_{1,1} = \dfrac{\text{提交表格数}}{\text{评估点数}} \times \text{系数} = \dfrac{N_1}{3} \times 1 =$

$X_{1,2} = \dfrac{\text{对应文字}}{\text{评估点数}} \times \text{系数} = \dfrac{N_2}{10} \times 2 =$

$X_{1,3} = \dfrac{\text{对应照片}}{\text{评估点数}} \times \text{系数} = \dfrac{N_3}{10} \times 2 =$

客观得分：$X_{2,1} = \dfrac{\text{文字描述}}{\text{评估点数}} \times \text{系数} = \dfrac{M_1}{10} \times 3 =$

$X_{2,2} = \dfrac{\text{照片正确}}{\text{评估点数}} \times \text{系数} = \dfrac{M_2}{10} \times 2 =$

表 2-2-8　综合评价表

项目	结果
主观得分 $X_1 = X_{1,1} + X_{1,2} + X_{1,3}$	
客观得分 $X_2 = X_{2,1} + X_{2,2}$	
百分制得分实际得分（主观分+客观分）	

学生签名：_____　　教师签名：_____　　日期：_____

2）总结分析

思考与扩展

一、填空题

1. 机床检测用指示仪按精度分为有_____和_____等两种。

2. 数控车床溜板移动直线度检测项目代号为_____，尾座移动对溜板移动的平行度检测代号为_____。

3. 尾座移动对溜板移动在水平面内的平行度检测时，百分表触头应该触及_____表面_____母线。

二、判断题

1. 用百分表检测溜板移动的直线度时，检测的直线度误差为检测行程中百分表的最大读数。（　　）

2. 用百分表检测溜板移动在水平面内的直线度时，需要对主轴端百分表读数和尾座端百分表读数进行校正。（　　）

3. 用百分表检测尾座移动对溜板移动的平行度时，尾座移动和溜板移动需要同步。（　　）

三、多项选择题

1. 用指示仪检测车床溜板在水平面内的直线度时，需要用到的仪器工具有（　　）

A. 百分表　　　　　　B. 磁性表座　　　　　　C. 直柄检验棒　　　　　D. 顶尖

2. 数控车床水平的溜板需要检测项目有（　　）。

A. 溜板移动在水平面内的直线度

B. 尾座移动对溜板移动在水平面内的平行度

C. 两导轨的平行度

D. 尾座移动对溜板移动在垂直面内的平行度

四、思考题

1. 在检测溜板移动在水平面的直线度时，理想直线指的是哪条线？

2. 可否用平尺拉表法检测溜板移动在水平面内的直线度？如何检测？

任务 2-3　数控车床主轴几何精度检测

▶ **任务描述**

车削运动的主运动是车床主轴带着工件的旋转运动，主轴旋转的精度高低直接影响到加工对象的圆度、圆柱度及其他形状和位置误差，而主轴轴线方向必须与 Z 轴方向一致，否则加工出来的圆柱则呈圆锥状，零件精度得不到保证，进而影响机器的装配精度。因此，数控车床主轴的跳动精度以及其与 Z 轴方向的平行精度是关乎数控机床制造精度能否达标的一项关键检测项目。本任务要求根据数控车床检测标准，选择合适的检测仪器工具，完成如图 2-3-1 所示车床主轴的跳动检测和主轴轴线与溜板的平行度检测。

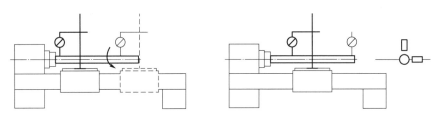

图 2-3-1　数控车床主轴几何精度检测

▶ **任务目标**

（1）能够检测数控车床主轴的轴向窜动。

（2）能够检测数控车床主轴的径向跳动。

（3）能够检测数控车床主轴轴线对溜板移动的平行度。

（4）能够检测主轴顶尖的跳动误差。

（5）培养学生注重质量、严守标准的工匠精神。

知 识链接

（一）车床主轴

1. 功能及类型

1）功能

数控车床主轴的功能是将主轴电动机的转速和转矩传递到主轴上，并通过夹持机构带动工件旋转；其旋转运动是车削运动的主运动。

2）类型

根据从主轴电动机到主轴的传动链划分，数控车床主轴一般有以下几类：

（1）传统主轴：主轴箱外形及内部结构如图2-3-2所示，由带传动机构并通过联轴器将电动机的转速和转矩传递到Ⅰ轴，然后由齿轮变速机构传递到Ⅱ轴，最后经齿轮变速机构传递到主轴。Ⅱ轴上齿轮为滑移齿轮，通过改变位置可以实现不同齿数的齿轮与Ⅰ轴以及主轴啮合，从而得到不同的转速和转矩。主轴正反转、启停与制动均是靠直接控制电动机来实现的。

图2-3-2　传统主轴

（2）变频主轴和伺服主轴（图2-3-3、图2-3-4）：由变频电动机或伺服电动机通过同步带直接带动主轴，主轴的转速变化由变频器或伺服驱动器实现。变频电动机为步进电动机，属于异步电动机，由模拟信号控制，价格便宜；伺服电动机为同步电动机，由伺服驱动器进行数字控制，精度高，价格较贵。

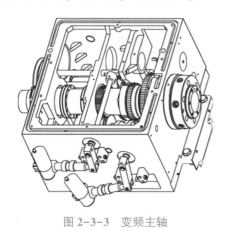

图2-3-3　变频主轴

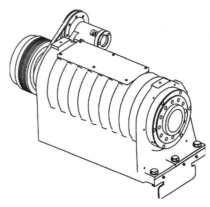

图2-3-4　伺服主轴

（3）电主轴：主轴电动机和主轴一体化，电动机的转子即主轴，可以实现直接驱动，没有中间传动链，实现了"零传动"，效率高。电主轴由无外壳电动机、主轴、轴承、主轴单元壳体、驱动模块和冷却装置等组成。电动机的转子采用压配方法与主轴做成一体，主轴则由前后轴承支承。电动机的定子通过冷却套安装于主轴单元的壳体中。主轴的变速由主轴驱动模块控制，而主轴单元内的温升则由冷却装置限制。

2. 车床主轴结构

（1）主轴部件构成：传统主轴部件主要由主轴、主轴支承和安装在主轴上的齿轮组成。

（2）主轴结构：主轴为空心轴结构，其前端内孔为莫氏锥度孔，用于安装顶尖，常见的有莫氏锥度4号和莫氏锥度5号；主轴前端外部采用短锥法兰式结构，用于安装卡盘等夹具，短锥结构定心精度高，便于定位和拆装，法兰盘上有均布螺纹孔，便于通过螺钉把卡盘固定在主轴上。其形状和结构如图2-3-5所示。

图2-3-5　数控车床主轴结构

（3）主轴支承：一般采用三支承，前、中支承多采用圆锥滚子轴承或角接触串联轴承对，后支承多采用深沟球轴承或角接触背对背轴承对。

（二）跳动误差

1. 跳动误差类型

（1）圆跳动：圆跳动误差是指被测要素绕基准轴线回转一周时，由位置固定的指示器在给定方向上测得的最大与最小读数之差。圆跳动公差是被测要素在某一固定参考点绕基准轴线旋转一周（零件和测量仪器件无轴向位移）时，指示器值所允许的最大变动量，符号用"↗"表示。

根据给定的测量方向不同，圆跳动又可以分为径向圆跳动、端面圆跳动和斜向圆跳动，如图2-3-6所示。

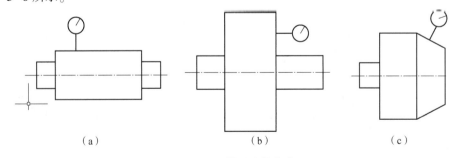

（a）　　　　　　　　　　（b）　　　　　　　　　　（c）

图2-3-6　圆跳动的分类

（a）径向圆跳动；（b）端面圆跳动；（c）斜向圆跳动

（2）全跳动：全跳动误差是指被测实际表面绕基准轴线做无轴向移动的回转时，同时指示器做平行或垂直于基准轴线的移动，在整个过程中指示器测得的最大读数差。

全跳动公差是关联实际被测要素对其理想要素的允许变动量。当理想要素是以基准轴线为轴线的圆柱面时，称为径向全跳动；当理想要素是与基准轴线垂直的平面时，称为端面（轴向）全跳动。

2. 圆跳动误差的一般检测方法

圆跳动误差一般用指示器（百分表）或专用跳动检测仪进行检测。

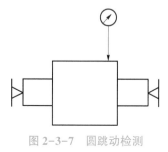

如图 2-3-7 所示，检测时将轴的两端装上顶尖，以两顶尖连线模拟公共轴线（基准轴线），指示器触头垂直指向被检测表面，然后旋转轴 1 周，读取示值的最大差值。然后多截取几个截面，取所有截面的差值中最大的数值作为圆跳动误差。

图 2-3-7　圆跳动检测

▲ 任务实施

（一）准备工作

1. 实训场所及仪器设备

（1）实训场所：数控实训车间或企业现场。

（2）实训设备：平床身或斜床身数控车床。

（3）实训仪器、工具：指示器及磁性表座，莫氏锥度检验棒，短锥柄检验棒，钢球，顶尖两个。

2. 其他

黄油、记录纸笔、拍照设备、教材。

（二）实施步骤

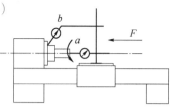

数控车床主轴
轴向窜动检测

子任务 1　数控车床主轴的端部跳动检测（检测代号 G4）

1）安装仪器工具

（1）短锥检验棒装入主轴锥孔，钢球黏附在检验棒的中心孔内。

（2）将指示器磁性表座固定在溜板上，使其测头触及钢球，并施加初始压力 F，如图 2-3-8 中 a 所示。

图 2-3-8　车床主轴端部跳动检测

a—轴向窜动；b—支承轴颈端部跳动

2）检测过程

缓慢旋转主轴 1 圈以上，读出移动过程中指示器读数的最大值 a_1 和最小值 a_2，计算最大差值并记录 $a = a_1 - a_2$。

3）车床主轴轴向跳动误差计算与判断：

（1）指示器读数的最大代数差值 a 就是车床主轴的轴向跳动误差。

（2）将计算值与允差值进行比较：主轴的轴向跳动允差为 0.01 mm。若 $a \leqslant 0.01$ mm，则不超差；否则超差。

子任务 2　车床主轴支承轴颈端部跳动检测（检测代号 G4）

1）安装仪器工具

将指示器磁性表座固定在溜板上，使其测头触及主轴前端外部支承轴颈端部，并施加初始力，如图 2-3-8 中 b 所示。

2）检测过程

缓慢旋转主轴 1 圈以上，读出移动过程中指示器读数的最大值 b_1 和最小值 b_2，计算最大差值并记录 $b=b_1-b_2$。

3）车床主轴支承轴颈端部跳动误差计算与判断

（1）指示器读数的最大代数差值 b 就是主轴支承轴颈的端部跳动误差。

（2）将计算值与允差值进行比较：主轴支承轴颈的端部跳动允差为 0.02 mm。若 $b \leqslant$ 0.02 mm，则不超差；否则超差。

子任务 3　数控车床主轴定心轴颈的径向跳动检测（检测代号 G5）

1）安装仪器工具

将指示器磁性表座固定在溜板上，使其测头触及主轴前端外部定心轴颈表面，并施加初始力，如图 2-3-9 所示。

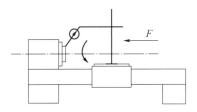

图 2-3-9　车床主轴定心轴颈径向跳动检测

2）检测过程

缓慢旋转主轴 1 圈以上，读出移动过程中指示器读数的最大值 a_{11} 和最小值 a_{12}，计算最大差值（$=a_{11}-a_{12}$）并记录。

3）车床主轴定心轴颈径向跳动误差计算与判断

（1）指示器读数的最大代数差值 a_1 就是主轴定心轴颈的径向跳动误差。

（2）将计算值与允差值进行比较：主轴定心轴颈的径向跳动允差为 0.01 mm。

子任务 4　数控车床主轴锥孔轴线的径向跳动检测（检测代号 G6）

1）安装仪器工具

（1）将 4 号或 5 号莫氏锥度检验棒装入主轴锥孔。

（2）将指示器磁性表座固定在溜板上，使其测头触及检验棒表面（靠近主轴端部（a）或距轴端 300 mm 处（b）），并施加初始力，如图 2-3-10 所示。

数控车床主轴径向跳动检测

2）检测过程

（1）缓慢旋转主轴 1 圈以上，读出指示器在转动中的读数最大值 a_{11} 和最小值 a_{12}，记录

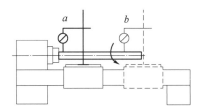

图 2-3-10 车床主轴锥孔轴线的径向跳动检测

a—主轴端部；b—距离轴端 300 mm 处

指示器读数的最大代数差值 $a_1 = a_{11} - a_{12}$。

（2）拔出检验棒，旋转 90°，重新插入主轴锥孔，以同样的方法再次检测 a_{21} 和最小值 a_{22}，并记录指示器读数的最大代数差值 $a_2 = a_{21} - a_{22}$。

（3）以同样的方法再检测 2 次（共 4 次，每次检验棒转过 90°），记录 $a_3 = a_{31} - a_{32}$，$a_4 = a_{41} - a_{42}$。

（4）同理，可检测并记录距离主轴端 300 mm 处的 4 个数据 b_1、b_2、b_3、b_4。

3）车床主轴锥孔轴线径向跳动误差计算与判断

（1）靠近车床主轴端处：测得径向跳动误差为 $\sigma_a = \dfrac{a_1 + a_2 + a_3 + a_4}{4}$，其允差为 $[\sigma_a] = 0.01$ mm。

（2）距离主轴端 300 mm 处：测得径向跳动误差为 $\sigma_b = \dfrac{b_1 + b_2 + b_3 + b_4}{4}$，其允差为 $[\sigma_b] = 0.02$ mm。

（3）将计算值与允差值进行比较：若 $\sigma_a \leqslant [\sigma_a]$，且 $\sigma_b \leqslant [\sigma_b]$，则车床主轴锥孔轴线径向跳动误差不超差；否则超差。

子任务5 数控车床主轴轴线对溜板移动的平行度检测（检测代号 G7）

1）安装仪器工具

（1）将 4 号或 5 号莫氏锥度检验棒装入主轴锥孔。

（2）将指示器磁性表座固定在溜板上，使其测头触及检验棒表面（上母线（a）或侧母线处（b）），并施加初始力，如图 2-3-11 所示。

数控车床主轴轴线对
溜板移动的平行度
误差检测

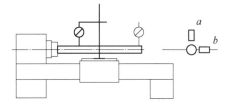

图 2-3-11 车床主轴轴线对溜板移动的平行度检测

a—主轴端部；b—距离轴端 300 mm 处

2）检测过程

（1）沿 Z 轴方向移动溜板，从检验棒最左端移到最右端，读出移动过程中指示器读数的最大值 a_{11} 和最小值 a_{12}，计算最大差值 $a_1 = a_{11} - a_{12}$ 并记录。

（2）拔出检验棒，旋转 $180°$，重新插入主轴锥孔，以同样的方法再次检测 a_{21} 和最小值 a_{22}；并记录指示器读数的最大代数差值 $a_2 = a_{21} - a_{22}$。

（3）以同样的方法，检测并记录计算 $b_1 = b_{11} - b_{12}$ 和 $b_2 = b_{21} - b_{22}$。

3）车床主轴轴线对溜板移动的平行度误差计算与判断

（1）垂直面内的平行度误差：测得 a 处平行度跳动误差为 $\sigma_a = \dfrac{a_1 + a_2}{2}$，其允差为 $[\sigma_a] = 0.02$ mm，只允许上凸。

（2）水平面内的平行度误差：测得 b 处平行度跳动误差为 $\sigma_b = \dfrac{b_1 + b_2}{2}$，其允差为 $[\sigma_b] = 0.015$ mm，只允许前凸。

（3）将计算值与允差值进行比较：若 $\sigma_a \leqslant [\sigma_a]$，且 $\sigma_b \leqslant [\sigma_b]$，则车床主轴轴线对溜板移动的平行度误差不超差；否则超差。

子任务 6　数控车床主轴顶尖的跳动检测（检测代号 G8）

1）安装仪器工具

（1）将专用检验顶尖装入主轴锥孔。

（2）将指示器磁性表座固定在溜板上，使其垂直测头触及顶尖表面。

2）检测过程

缓慢旋转主轴 1 圈以上，读出指示器在转动中的最大读数 a_1 和最小读数 a_2。并记录指示器读数的最大代数差值 $a = a_1 - a_2$，如图 2-3-12 所示。

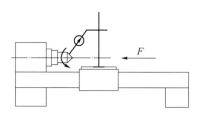

图 2-3-12　车床主轴顶尖的跳动检测

3）车床主轴顶尖径向跳动误差计算与判断

（1）车床主轴顶尖的跳动误差为 $\sigma = \dfrac{a}{\cos \alpha}$，$\alpha$ 为主轴顶尖的锥半角值。

（2）主轴顶尖的跳动允差为 $[\sigma] = 0.015$ mm，若 $\sigma \leqslant 0.015$ mm，则不超差；否则超差。

（三）实施记录

1. 主轴轴向跳动检测：记录表（表2-3-1）填写

实训记录表2-3-1　主轴轴向跳动检测

检测部位：主轴端部

序号	实训步骤	过程及实训记录值	实训记录照片
1	仪器工具安装		
2	检测：读取指示仪最大读数和最小读数	过程： 数据：	
3	计算与判断	误差值： 允差值：	

2. 主轴轴向跳动检测：记录表（表2-3-2）填写

实训记录表2-3-2　主轴轴向跳动检测

检测部位：支承轴颈端部

序号	实训步骤	过程及实训记录值	实训记录照片
1	仪器工具安装		
2	检测：读取指示仪最大读数和最小读数	过程： 数据：	
3	计算与判断	误差值： 允差值：	

3. 主轴径向跳动检测：记录表（表2-3-3）填写

实训记录表2-3-3　主轴径向跳动检测

检测部位：定心轴颈

序号	实训步骤	过程及实训记录值	实训记录照片
1	仪器工具安装		
2	检测过程		
3	数据记录	最大值： 最小值：	
4	计算与判断	误差值： 允差值：	

4. 主轴径向跳动检测：记录表（表2-3-4）填写

检测部位：主轴锥孔轴线

序号	实训步骤	过程及实训记录值	实训记录照片
1	仪器工具安装		
2	检测过程		
3	数据记录	A：主轴端部 第一次：最大值　最小值 第二次：最大值　最小值 第三次：最大值　最小值 第四次：最大值　最小值 B：距主轴端300 mm 处 第一次：最大值　最小值 第二次：最大值　最小值 第三次：最大值　最小值 第四次：最大值　最小值	
4	计算与判断	A：主轴端部 （1）误差值： （2）允差值： B：距主轴端300 mm 处 （1）误差值： （2）允差值：	

5. 主轴轴线对溜板移动平行度检测：记录表（表2-3-5）填写

检测部位：主轴轴线

序号	实训步骤	过程及实训记录值	实训记录照片
1	仪器工具安装		
2	检测过程		
3	数据记录	A：垂直面内（上母线） 第一次：最大值　最小值 第二次：最大值　最小值 B：水平面内（侧母线） 第一次：最大值　最小值 第二次：最大值　最小值	

序号	实训步骤	过程及实训记录值	实训记录照片
4	计算与判断	A：垂直面内 （1）误差值： （2）允差值： B：水平面内 （1）误差值： （2）允差值：	

6. 主轴顶尖跳动检测：记录表（表2-3-6）填写

实训记录表2-3-6　主轴顶尖跳动检测

检测部位：主轴顶尖

序号	实训步骤	过程及实训记录值	实训记录照片
1	仪器工具安装		
2	检测：读取指示仪最大读数和最小读数	过程： 数据：	
3	计算与判断	误差值： 允差值：	

检查与评估

1. 过程检查（表2-3-7）

表2-3-7　过程检查表

序号	检查项	自查	教师检查
1	5S管理： A. 实训之前，是否按时到岗； B. 实训过程中，是否按要求拍照记录； C. 实训之后，是否打扫清洁，仪器设备是否按要求摆放； D. 实训之后，是否按时提交表格（电子版）		
2	规范性检查： A. 照片拍摄是否完整； B. 照片与文字是否对应		

2. 结果检查

1）目测检查（表2-3-8）

表2-3-8　目测检测表

序号	性能及目测		评估	
			学生自评	教师评价/互评
1	提交了表格	目测		
2	项目有对应照片			
3	是否有记录及计算过程			
目测结果				
评价成绩			N_1： N_2：	N_3：

不合格原因分析，如何改进？

_____

_____

_____

_____

_____

_____

_____

_____

2）内容检查（表2-3-9）

表2-3-9　内容检查表

序号	检测项	检测记录	
		学生	教师
1	检测步骤是否完整		
2	数据记录是否完整		
检测结果			
评价成绩		M_1：	M_2：

不合格原因分析，如何改进？

_____

_____

_____

＿＿＿＿＿＿＿＿＿＿＿＿＿＿＿＿＿＿＿＿＿＿＿＿＿＿＿＿＿＿＿＿＿＿＿＿＿＿

＿＿＿＿＿＿＿＿＿＿＿＿＿＿＿＿＿＿＿＿＿＿＿＿＿＿＿＿＿＿＿＿＿＿＿＿＿＿

＿＿＿＿＿＿＿＿＿＿＿＿＿＿＿＿＿＿＿＿＿＿＿＿＿＿＿＿＿＿＿＿＿＿＿＿＿＿

＿＿＿＿＿＿＿＿＿＿＿＿＿＿＿＿＿＿＿＿＿＿＿＿＿＿＿＿＿＿＿＿＿＿＿＿＿＿

3. 结果评估与分析

1）综合评价（表2-3-10）

主观得分：$X_{1,1} = \dfrac{提交表格数}{评估点数} \times 系数 = \dfrac{N_1}{6} \times 1 = $

$X_{1,2} = \dfrac{对应相片}{评估点数} \times 系数 = \dfrac{N_2}{36} \times 2 = $

$X_{1,3} = \dfrac{数据记录}{评估点数} \times 系数 = \dfrac{N_3}{30} \times 2 = $

客观得分：$X_{2,1} = \dfrac{检测步骤}{评估点数} \times 系数 = \dfrac{M_1}{6} \times 3 = $

$X_{2,2} = \dfrac{记录数据}{评估点数} \times 系数 = \dfrac{M_2}{30} \times 2 = $

表2-3-10　综合评价表

项目	结果
主观得分 $X_1 = X_{1,1} + X_{1,2} + X_{1,3}$	
客观得分 $X_2 = X_{2,1} + X_{2,2}$	
百分制得分实际得分（主观分+客观分）	

学生签名：＿＿＿＿＿＿＿＿　　教师签名：＿＿＿＿＿＿＿＿　　日期：＿＿＿＿＿＿＿＿

2）总结分析

＿＿＿＿＿＿＿＿＿＿＿＿＿＿＿＿＿＿＿＿＿＿＿＿＿＿＿＿＿＿＿＿＿＿＿＿＿＿

＿＿＿＿＿＿＿＿＿＿＿＿＿＿＿＿＿＿＿＿＿＿＿＿＿＿＿＿＿＿＿＿＿＿＿＿＿＿

＿＿＿＿＿＿＿＿＿＿＿＿＿＿＿＿＿＿＿＿＿＿＿＿＿＿＿＿＿＿＿＿＿＿＿＿＿＿

＿＿＿＿＿＿＿＿＿＿＿＿＿＿＿＿＿＿＿＿＿＿＿＿＿＿＿＿＿＿＿＿＿＿＿＿＿＿

＿＿＿＿＿＿＿＿＿＿＿＿＿＿＿＿＿＿＿＿＿＿＿＿＿＿＿＿＿＿＿＿＿＿＿＿＿＿

＿＿＿＿＿＿＿＿＿＿＿＿＿＿＿＿＿＿＿＿＿＿＿＿＿＿＿＿＿＿＿＿＿＿＿＿＿＿

＿＿＿＿＿＿＿＿＿＿＿＿＿＿＿＿＿＿＿＿＿＿＿＿＿＿＿＿＿＿＿＿＿＿＿＿＿＿

思考与扩展

一、填空题

1. 数控车床主轴轴向跳动有两项，检测部位分别是_____和_____。

2. 数控车床主轴锥孔轴线径向跳动所用的检验棒是_____锥度锥柄_____（长/短）检验棒，检验棒有效长度一般为_____mm。

二、单项选择题

1. 主轴顶尖检测的跳动误差为（　　　）。

A. 径向跳动　　　　　B. 端面跳动　　　　　C. 斜向跳动　　　　　D. 全跳动

2. 主轴锥孔轴线对溜板移动的平行度在水平面内的误差检测时，指示仪检测触头应该指向（　　　）。

A. 锥孔内表面　　　　B. 检验棒上母线　　　　C. 检验棒侧母线　　　　D. 检验棒端面

三、多项选择题

1. 主轴锥孔轴线径向跳动检测时，需要把检验棒转过90°，反复检测4次求平均值，目的是（　　　）。

A. 消除检验棒的制造误差影响　　　　　　　B. 消除检验棒安装误差影响

2. 数控车床主轴轴向跳动误差检测部位有（　　　）。

A. 主轴端面　　　　　B. 主轴支承轴颈　　　　C. 主轴定心轴颈　　　　D. 主轴锥孔

四、拓展题

1. 主轴锥孔轴线径向跳动误差对轴类零件加工有何影响？

2. 主轴轴线对溜板移动平行度误差对轴类零件加工有何影响？

任务 2-4　数控车床尾座及刀架几何精度检测

▼ **任务描述**

　　车床尾座安装在车床床身上，主要形式有矩形导轨和山形导轨，其功能是用来支撑溜板并保证溜板能够沿着正确的方向移动。基准导轨的直线度以及两导轨的平行度误差是否满足精度要求，直接关系到溜板能否沿着 Z 轴方向正确移动。若导轨的直线度或平行度超过允差，必然造成车床切削轴类工件时尺寸不合格以及表面形状（如圆度和圆柱度）不合要求，这样加工出来的零件就无法满足机械机构的应用，因此导轨直线度和平行度检测是数控机床制造精度是否达标的一项重要任务。本任务要求根据数控车床检测标准，选择合适的检测仪器工具，完成如图 2-4-1 所示数控车床尾座的几何精度检测。

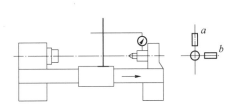

图 2-4-1　数控车床尾座的几何精度检测

▼ **任务目标**

　　（1）能够检测尾座套筒轴线对溜板移动的平行度误差。

　　（2）能够检测尾座套筒锥孔轴线对溜板移动的平行度误差。

　　（3）能够检测尾座顶尖与主轴顶尖的等高度。

　　（4）能够检测刀架横向移动对溜板移动的垂直度。

　　（5）培养学生团结协作意识。

知 识链接

（一）车床尾座

1. 结构及功能

（1）结构：数控车床尾座处于床身右侧，由顶尖套锁紧装置、顶尖套及其驱动机构、尾座紧固机构以及尾座基体等部分构成。如图2-4-2所示，手柄为顶尖套锁紧装置，手轮为顶尖套驱动机构，尾座基体有固定螺钉和调整螺钉，用于固定和调节尾座的位置。

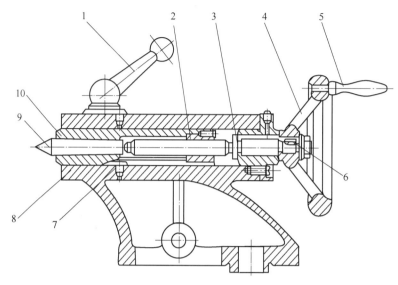

图 2-4-2　尾座结构

1—手柄；2—螺母；3—螺杆；4—手轮；5—手柄；6—平键；7—滑键；8—尾架体；9—顶尖；10—套筒

（2）尾座功能：尾座安装在车床的小导轨上，可以沿Z轴方向纵向移动；尾座套筒内孔位莫氏锥度，可以安装顶尖，与主轴顶尖一起夹持轴类工件；移动手轮可以调整尾座顶尖的伸出量，以适应不同长度的轴类的装夹。

2. 车床尾座的技术要求

1）对顶尖套的要求

（1）顶尖套轴线必须与Z轴方向（即溜板纵向移动方向）平行。

（2）顶尖套莫氏锥度锥孔轴线必须与Z轴方向（即溜板纵向移动方向）平行。

2）对顶尖的要求

（1）尾座顶尖必须与顶尖套筒锥孔锥度一致；

（2）尾座顶尖应该与主轴顶尖要求等高。

3）对尾座基体的要求

（1）可以沿Z轴方向纵向移动，且与溜板移动有平行度要求。

（2）可以沿着X轴方向横向适当调节位置。

（二）数控车床刀架

1. 刀架类型及其结构

（1）刀架类型：常见数控车床刀架有立式刀架和卧式刀架，立式刀架有四、六工位两种形式，主要用于简易数控车床，如图2-4-3所示；卧式刀架有八、十、十二等工位，如图2-4-4所示，可正、反方向旋转，就近选刀，用于全功能数控车床。

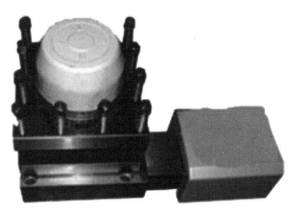

图 2-4-3　四工位立式刀架

图 2-4-4　八工位卧式刀架

（2）数控车床四方刀架结构，如图 2-4-5 所示。

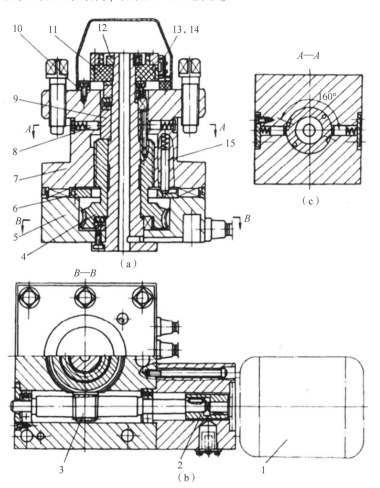

图 2-4-5　数控车床四方刀架结构

1—电动机；2—联轴器；3—蜗轮轴；4—蜗轮丝杠；5—刀架底座；6—粗定位盘；7—刀架体；8—球头销；
9—转位套；10—电刷座；11—发信号器；12—螺母；13，14—电刷；15—粗定位销

2. 数控车床刀架技术要求

1）移动要求

（1）沿 Z 轴方向：可以随着溜板沿 Z 轴方向移动。

（2）沿 X 轴方向：可以沿着 X 轴（横向）进给，横刀架的 X 向移动与溜板的 Z 向移动有垂直度要求。

2）转位要求

根据指令发出的信号精确转位。

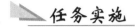任务实施

（一）准备工作

1. 实训场所及仪器设备

（1）实训场所：数控实训车间或企业现场。

（2）实训设备：平床身或斜床身数控车床。

（3）实训仪器、工具：指示器及磁性表座，莫氏锥度检验棒，顶尖两个，检验平盘。

2. 其他

记录纸笔、拍照设备、教材。

（二）实施步骤

子任务 1　尾座套筒轴线对溜板移动的平行度检测（检测代号 G9）

1）安装仪器工具

（1）尾座移至最右端并固定，尾座套筒伸出约一半并锁紧。

（2）将指示器磁性表座固定在溜板上使其测头触及尾座套筒表面（上母线（a）；侧母线（b）），如图 2-4-6 所示。

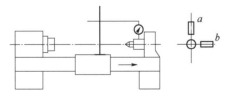

图 2-4-6　尾座套筒轴线对溜板移动平行度检测

a—垂直面内；b—水平面内

2）检测过程

沿 Z 轴方向移动溜板，读出指示器在移动行程中读数的最大值 a_1 和最小值 a_2（垂直面内），或最大值 b_1 和最小值 b_2（水平面内），计算最大差值 $a=a_1-a_2$ 或 $b=b_1-b_2$ 并记录。

3）尾座套筒轴线对溜板移动的平行度误差计算与判断

（1）指示器读数的最大代数差值 a（或 b）就是尾座套筒轴线对溜板移动的在垂直面内（或水平面内）的平行度误差。

（2）将计算值与允差值进行比较：a 垂直面内允差为 0.015 mm，只允许上凸；b 水平面内允差为 0.01 mm，只允许前凸。

子任务 2　车床尾座套筒锥孔轴线对溜板移动的平行度检测（检测代号 G10）

1）安装仪器工具

（1）尾座移至最右端并固定，顶尖套筒退入尾座孔内，并锁紧。

（2）将莫氏锥度检验棒装入尾座套筒锥孔。

（3）将指示器磁性表座固定在溜板上，使其测头触及检验棒表面（上母线（a）或侧母线处（b）），并施加初始力，如图 2-4-7 所示。

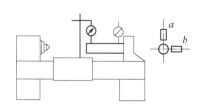

图 2-4-7　数控车床尾座锥孔轴线对溜板移动的平行度检测

a—垂直面内；b—水平面内

2）检测过程

（1）沿 Z 轴方向移动溜板，从检验棒最左端移到最右端，读出移动过程中指示器读数的最大值 a_{11} 和最小值 a_{12}，计算最大差值 $a_1 = a_{11} - a_{12}$ 并记录。

（2）拔出检验棒，旋转 180°，重新插入主轴锥孔，同样的方法再次检测 a_{21} 和最小值 a_{22}；并记录指示器读数的最大代数差值 $a_2 = a_{21} - a_{22}$。

（3）用同样的方法，检测计算 $b_1 = b_{11} - b_{12}$ 和 $b_2 = b_{21} - b_{22}$ 并记录。

3）尾座套筒锥孔轴线对溜板移动的平行度误差计算与判断

（1）垂直面内的平行度误差：测得 a 处平行度跳动误差为 $\sigma_a = \dfrac{a_1 + a_2}{2}$，其允差为 $[\sigma_a] = 0.03$ mm/300 mm，只允许上凸。

（2）水平面内的平行度误差：测得 b 处平行度跳动误差为 $\sigma_b = \dfrac{b_1 + b_2}{2}$，其允差为 $[\sigma_b] = 0.03$ mm/300 mm，只允许前凸。

（3）将计算值与允差值进行比较：若 $\sigma_a \leqslant [\sigma_a]$，且 $\sigma_b \leqslant [\sigma_b]$，则车床主轴轴线对溜板移动的平行度误差不超差；否则超差。

子任务 3　车床主轴顶尖与尾座顶尖的等高度检测（检测代号 G11）

1）安装仪器工具

（1）将专用检验顶尖分别装入主轴锥孔和尾座锥孔。

（2）将直柄检验棒装在两顶尖之间，调整尾座顶尖套中顶尖的伸出量，使其夹紧。

（3）将指示器磁性表座固定在溜板上，使其测头垂直触及检验棒上母线，如图 2-4-8 所示。

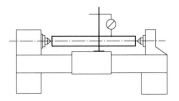

图 2-4-8　主轴箱顶尖与尾座顶尖的等高度检测

2）检测过程

（1）移动溜板到主轴箱一端，指示器触及检验棒最左端时，读出指示器读数 a_1。

（2）移动溜板到尾座一端，指示器触及检验棒最右端时，读出指示器读数 a_2。

3）两顶尖误差计算与判断

（1）两顶尖误差为 $\sigma_h = a_2 - a_1$，两顶尖的等高度允差为 $[\sigma_h] = 0.04$ mm，且只能尾座端高；若 $0 < \sigma_h \leq 0.04$ mm，则不超差；否则超差。

子任务 4　车床刀架横向移动对溜板纵向移动的垂直度检测（检测代号 G12）

1）安装仪器工具

（1）将专用检验平盘装入主轴锥孔。

（2）将指示器磁性表座固定在横刀架上，使其测头垂直触及平盘表面，如图 2-4-9 所示。

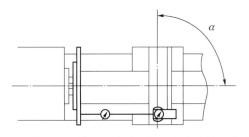

图 2-4-9　车床刀架横向移动对溜板纵向移动的垂直度检测

2）检测过程

（1）沿 X 轴方向全行程移动横刀架读出指示器最大读数 a_{11} 和最小读数 a_{12}；计算 $a_1 = a_{11} - a_{12}$。

（2）取下检验平盘，旋转 180°，重新装入主轴锥孔，再次检测；用同样的方法，读出指示器最大读数 a_{21} 和最小读数 a_{22}，计算 $a_1 = a_{21} - a_{22}$

3）刀架横向移动对溜板纵向移动的垂直度误差计算与判断

刀架横向移动对溜板纵向移动的垂直度误差为 $\sigma_\perp = \dfrac{a_2 + a_1}{2}$；刀架横向移动对溜板纵向移动的垂直度允差为 $[\sigma_\perp] = 0.02$ mm/300 mm（即横刀架向左后方偏斜）。

（三）实施记录

1. 尾座套筒轴线对溜板移动的平行度检测：记录表（表2-4-1）填写

实训记录表2-4-1　尾座套筒轴线对溜板移动的平行度检测

检测部位：尾座套筒轴线

序号	实训步骤	过程及实训记录值	实训记录照片
1	仪器工具安装		
2	检测：读取指示仪最大读数和最小读数	过程： 数据：	
3	计算与判断	误差值： 允差值：	

2. 车床尾座套筒锥孔轴线对溜板移动的平行度检测：记录表（表2-4-2）填写

实训记录表2-4-2　车床尾座套筒锥孔轴线对溜板移动的平行度检测

检测部位：尾座套筒锥孔轴线

序号	实训步骤	过程及实训记录值	实训记录照片
1	仪器工具安装		
2	检测过程		
3	数据记录	第一次检测： （1）上母线 最大读数：$a_{11}=$ 最小读数：$a_{12}=$ （2）侧母线 最大读数：$b_{11}=$ 最小读数：$b_{12}=$ 第二次检测： （1）上母线 最大读数：$a_{11}=$ 最小读数：$a_{12}=$ （2）侧母线 最大读数：$b_{11}=$ 最小读数：$b_{12}=$	
3	计算与判断	误差值： 允差值：	

3. 车床主轴顶尖与尾座顶尖的等高度检测：记录表（表2-4-3）填写

实训记录表2-4-3　车床主轴顶尖与尾座顶尖的等高度检测

检测部位：顶尖

序号	实训步骤	过程及实训记录值	实训记录照片
1	仪器工具安装		
2	检测过程		
3	数据记录	左端值： 右端值：	
4	计算与判断	误差值： 允差值：	

4. 车床刀架横向移动对溜板纵向移动的垂直度检测：记录表（表2-4-4）填写

实训记录表2-4-4　车床刀架横向移动对溜板纵向移动的垂直度检测

检测部位：横刀架

序号	实训步骤	过程及实训记录值	实训记录照片
1	仪器工具安装		
2	检测过程		
3	数据记录	第一次： 最大值＝ 最小值＝ 第二次： 最大值＝ 最小值＝	
4	计算与判断	误差值： 允差值：	

检查与评估

1. 过程检查（表2-4-5）

表2-4-5　过程检查表

序号	检查项	自查	教师检查
1	5S管理： A. 实训之前，是否按时到岗； B. 实训过程中，是否按要求拍照记录； C. 实训之后，是否打扫清洁，仪器设备是否按要求摆放； D. 实训之后，是否按时提交表格（电子版）		

序号	检查项	自查	教师检查
2	规范性检查： A. 照片拍摄是否完整； B. 照片与文字是否对应		

2. 结果检查

1）目测检查（表2-4-6）

表2-4-6　目测检查

序号	性能及目测		评估	
			学生自评	教师评价/互评
1	提交了表格	目测		
2	项目有对应照片			
3	是否有记录及计算过程			
	目测结果			
	评价成绩		N_1： N_2：	N_3：

不合格原因分析，如何改进？

_____

_____

_____

_____

_____

_____

2）内容检测（表2-4-7）

表2-4-7　内容检测表

序号	检测项	检测记录	
		学生	教师
1	检测步骤是否完整		
2	数据记录是否完整		
	检测结果		
	评价成绩	M_1：	M_2：

不合格原因分析，如何改进？

3. 结果评估与分析

1）综合评价（表2-4-8）

主观得分：$X_{1,1} = \dfrac{提交表格数}{评估点数} \times 系数 = \dfrac{N_1}{4} \times 1 =$

$X_{1,2} = \dfrac{对应相片}{评估点数} \times 系数 = \dfrac{N_2}{20} \times 2 =$

$X_{1,3} = \dfrac{数据记录}{评估点数} \times 系数 = \dfrac{N_3}{16} \times 2 =$

客观得分：$X_{2,1} = \dfrac{检测步骤}{评估点数} \times 系数 = \dfrac{M_1}{6} \times 3 =$

$X_{2,2} = \dfrac{记录数据}{评估点数} \times 系数 = \dfrac{M_2}{16} \times 2 =$

表2-4-8 综合评价价表

项目	结果
主观得分 $X_1 = X_{1,1} + X_{1,2} + X_{1,3}$	
客观得分 $X_2 = X_{2,1} + X_{2,2}$	
白分制得分实际得分（主观分+客观分）	

学生签名：_____ 教师签名：_____ 日期：_____

2）总结分析

思考与扩展

一、填空题

1. 数控车床尾座对溜板移动的平行度有两项，检测部位分别是__________和__________。

2. 数控车床主轴顶尖与尾座顶尖的等高度允差是__________，只允许__________端高。

二、单项选择题

1. 横刀架横向移动对溜板移动有（　　）要求。

A. 径向跳动　　B. 端面跳动　　C. 平行度　　D. 垂直度

2. 车床尾座锥孔轴线与哪个坐标轴平行？（　　）

A. X 轴　　B. Y 轴　　C. Z 轴　　D. 都不平行

三、多项选择题

1. 数控车床刀架横向移动对溜板纵向移动的垂直度误差检测时，需要用到的检测仪器工具有（　　）。

A. 指示仪　　B. 莫氏锥度锥柄检验棒

C. 专用检测平盘　　D. 专用检测顶尖

2. 与 Z 轴方向平行的移动有（　　）

A. 溜板沿导轨的移动　　B. 主轴锥孔轴线

C. 尾座套筒轴线　　D. 尾座沿导轨的移动

四、拓展题

车床刀架横向移动对溜板纵向移动的垂直度误差对轴类零件加工有何影响？

知识扩充

❖数控车床精度对加工质量的影响

数控车床几何精度所对应的机床本身的误差，加工时都会反映到被加工工件上，现列表举例说明（表2-4-9）。

表2-4-9 车床几何精度对加工质量的影响

序号	车床几何误差	对加工质量的影响
1	两导轨的平行度	车内外圆时，刀具 Z 轴移动过程中前后摆动，影响工件素线的直线度，影响较大
2	溜板移动在水平面内的直线度	车内外圆时，刀具 Z 轴移动过程中前后位置发生变化，影响工件素线的直线度，影响很大
3	主轴箱和尾座两顶尖的等高度	用两顶尖支撑工件车削外圆时，影响工件素线的直线度；用装在尾座套筒锥孔中的孔加工刀具进行钻、扩、铰孔时，引起被加工孔孔径扩大
4	尾座套筒锥孔轴线对溜板移动的平行度	用装在尾座套筒锥孔中的孔加工刀具进行钻、扩、铰孔时，使加工孔的直径扩大，并产生喇叭形
5	横刀架移动对主轴轴线的垂直度	车端面时影响工件的平面度和垂直度

任务三
立式加工中心
几何精度检测

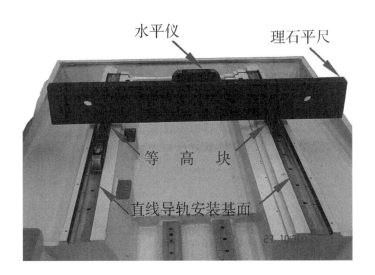

水平仪　　　　　理石平尺

等　高　块

直线导轨安装基面

任务 3-1　立式加工中心坐标轴运动几何精度检测

▶ 任务描述

　　立式加工中心（或立式数控铣床）一般为三轴联动数控机床，有 $Z/X/Y$ 三个运动坐标轴，其 Z 轴运动为主轴箱沿着立柱的上下移动，X 轴运动为工作台的左右移动，Y 轴运动为十字滑台的前后移动。各坐标轴运动的直线度精度以及三个坐标轴之间的相互垂直度精度直接关系到加工零件的尺寸精度和形状精度，因此坐标轴运动几何精度检测是立式加工中心在出厂之前必须做的一项检测工作。本任务要求根据立式加工中心检测标准，选择合适的检测仪器工具，完成如图 3-1-1 所示各坐标轴的直线度检测以及三个坐标轴之间的相互垂直度检测。

图 3-1-1　立式加工中心坐标轴运动精度检测

▶ 任务目标

　　（1）能够正确选用合适的检测工具。
　　（2）能够检测各坐标轴运行的直线度及角度偏差。
　　（3）能够检测各坐标轴之间的相互垂直度。
　　（4）培养精益求精、质量优先的大国工匠精神。

（一）立式加工中心机械结构

1. 立式加工中心

立式加工中心是指主轴为竖直状态、主轴轴线与工作台垂直设置的加工中心，主要适用于加工板类、盘类、模具及小型壳体类复杂零件。立式加工中心一般具有三个直线运动坐标轴（见图3-1-2），并可在工作台上安装一个回转台，用于加工螺旋线类零件。立式加工中心能够完成铣削、镗削、钻削、攻螺纹等工序，其主运动为铣刀的旋转运动，切削运动包括工作台的左右移动、十字滑台的前后移动以及主轴箱沿着立柱的上下移动。

图 3-1-2　立式加工中心坐标系

2. 立式加工中心机械结构

立式加工中心机械结构主要由床身、十字滑台及工作台、立柱、主轴及主轴箱、各坐标轴传动装置（导轨、丝杠）等组成，如图3-1-3所示。

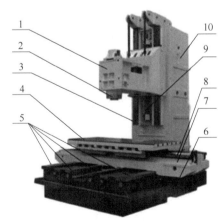

图 3-1-3　立式加工中心机械结构

1—主轴箱；2—主轴；3—Z轴导轨；4—工作台；5—Y轴导轨；6—床体；
7—十字滑台；8—X轴导轨；9—Z轴丝杠；10—立柱

（二）立式加工中心几何精度检测项目

1. 立式加工中心几何精度检测项目

立式数控铣床（加工中心）几何精度检测是指与主运动以及进给运动相关部件的精度检测，主要检测部位包括坐标轴、工作台、主轴等，主要检测项目有坐标轴运动的直线度、各坐标轴运动的相互垂直度、工作台表面的平面度以及运行方向直线度、工作台定位检测、主轴的轴向窜动和径向跳动、主轴运动与 Z 坐标轴的平行度、主轴轴线与工作台的垂直度等，如表 3-1-1 所示。

表 3-1-1　立式加工中心几何精度检测项目

检测部位	项目名称	检测内容	允差要求
各坐标轴	直线度检测	Z 轴直线度检测 X 轴直线度检测 Y 轴直线度检测	依据实际型号而定
	垂直度检测	$Z \perp X$ $Z \perp Y$ $X \perp Y$	同上
工作台	工作台运动检测	X 向平行度 Y 向平行度 工作台平面度 工作台与 Z 轴运动垂直度	同上
	基准 T 形槽检测	基准 T 形槽与 X 向的平行度 T 形槽两侧面的平行度	同上
主轴	径向跳动检测	主轴定心轴颈径向跳动 主轴锥孔轴线径向跳动	同上
	轴向跳动检测	主轴支承轴颈端面跳动 主轴端部周期性窜动	同上
	主轴轴线方向	主轴轴线与工作台垂直度 主轴轴线与 Z 轴平行度	同上

2. 立式加工中心几何精度检测主要仪器设备

（1）精密水平仪：常用的为条式水平仪，规格为 200 mm 或 250 mm，精度为 0.02 mm/m。

（2）指示器及磁性表座：指示器有直动式百分表（或千分表）和杠杆式百分表（或千分表），磁性表座为用来固定指示器的工具。

（3）检验棒：有直柄检验棒和锥柄检验棒，其中用于检测加工中心主轴的是检测芯棒，其锥度为 7∶24，常用规格有 BT40 和 BT50，如图 3-1-4 所示。

图 3-1-4　检测芯棒

（4）各类量尺：钢制或大理石制的平尺、方尺、直角尺、圆柱直角尺，如图3-1-5所示。比较常用的是大理石平尺和大理石方尺，如表3-1-2所示为常用大理石平尺规格及其精度等级，表3-1-3所示为机床检测用大理石方尺常用规格。

（a）　　　　　　　　　　　　（b）

（c）　　　　　　　　　　　　（d）

（e）　　　　　　　　　　　　（f）

图 3-1-5　机床检测常用量尺

（a）大理石平尺；（b）大理石方尺；（c）铸铁直角尺；（d）大理石直角尺；

（e）铸铁方箱；（f）圆柱角尺

表 3-1-2　常用大理石平尺规格及其精度等级

规格(长×宽×高)/ (mm×mm×mm)	精度/μm						质量/kg
	工作面直线度或平面度		工作面间平行度		侧面对工作面垂直度		
	00级	0级	00级	0级	00级	0级	
500×100×40	1.6	2.6	2.4	3.9	8.0	13.0	6.0
750×100×40	2.1	3.5	3.2	5.3	11.0	16.0	9.0
1 000×120×40	3.0	5.0	4.5	7.5	15.0	25.0	15.0
1 500×150×60	4.2	7.2	6.5	11.0	21.5	36.2	44.0
2 000×200×80	5.4	10.0	8.1	13.5	27.0	45.0	105.0

表 3-1-3　常用大理石方尺规格及精度

规格（长×宽×高）/ （mm×mm×mm）	精度/μm						质量/kg
	测量面直线度		相邻测量面垂直度		相对测量面平行度		
	00级	0级	00级	0级	00级	0级	
315×315×45	1.1	2.3	2.6	5.2	2.6	5.2	10.8
400×400×45	1.3	2.6	3.0	6.0	3.0	6.0	15.8
500×500×60	1.5	3.0	3.5	7.0	11.0	16.0	34.8

（5）激光准直仪：如图 3-1-6 所示，激光准直仪是集机械、激光、计算机技术于一体的先进测量仪器，可测量微小的角度与位移。通常用于测量机械中的孔、轴系的同轴度，以及平面的直线度、平面度、平行度，监测振动、偏差和移动等。

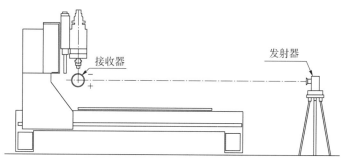

图 3-1-6　激光准直仪

（6）调整工具：包括等高调整垫块、可调节桥板。

任务实施

（一）准备工作

1. 实训场所及仪器设备

（1）实训场所：数控实训车间或企业现场。

（2）实训设备：立式加工中心或立式数控铣床。

（3）实训仪器、工具：精密水平仪两个，大理石平尺，大理石方尺，百分表及磁性表座，芯棒，圆柱角尺。

2. 其他

记录纸笔、拍照设备、教材。

（二）实施步骤

子任务1　Z 轴运动（主轴箱沿立柱的上下移动）直线度检测

Z 轴运动直线度检测

1）安装仪器工具

（1）将十字滑台移到 Y 向中间，工作台移动到 X 向中间；将方尺放置在工作台面上中间位置处的两个可调整垫块上，如图 3-1-7 所示。

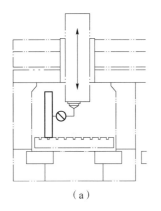 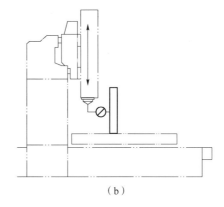

（a） （b）

图 3-1-7 Z 轴运动（主轴箱沿立柱的上下移动）直线度检测

（a） XZ 面内；（b） YZ 面内

（2）使方尺检测面垂直于检测方向，图（a）中检测面 $/\!/ YZ$ 平面，图（b）中检测面 $/\!/ XZ$ 平面。

（3）将磁性表座固定在主轴端部，千分表触头垂直触及检测面，并有一定压缩量。

2）检测过程

（1）校正：沿 Z 向移动主轴箱，读出千分表接触方尺的最上端读数 a_1 和最下端读数 a_2，若 $a_1 \neq a_2$，调整调整垫的高度再次校正，直到 $a_1 = a_2$。

（2）检测记录：沿 Z 轴全行程移动主轴箱，记录移动过程中千分表最大读数 a_{max} 和最小读数 a_{min}。

（3）计算判断：千分表读数的最大代数差值 $\delta_a = a_{max} - a_{min}$，就是 Z 轴运动（主轴箱沿立柱的上下移动）在 XZ 平面内的直线度误差。

3）允差值

$Z > 500 \sim 800$，全行程允差为 0.015 mm，每 300 mm 允差 0.007 mm。机床精度级别不同，该允差值也不相同。

若检测的误差值小于允差值，则合格。

※说明：

①YZ 面内的直线度检测方法与 XZ 面内的直线度检测方法相同，允差要求也一样，必须分别记录。

②检测时，也可以用圆柱角尺或直角尺代替大理石方尺。

子任务 2　X 轴运动（工作台左右移动）直线度检测

1. XZ 面的检测

1）安装仪器工具

（1）将十字滑台移到 Y 向中间；在工作台面上中央 T 形槽放两个可调整垫块，平尺立放在其上，并平行于 X 轴线，如图 3-1-8（a）所示。

X 轴运动直线度检测

（2）将磁性表座固定在主轴端部，千分表触头垂直触及检测面，并有一定压缩量。

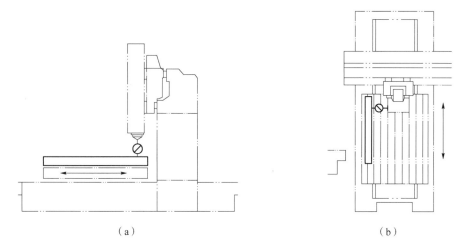

图 3-1-8　X 轴运动（工作台左右移动）直线度检测

（a）XZ 面内；（b）XY 面内

2）检测过程

（1）校正：沿 X 向移动工作台，读出千分表接触方尺的最左端读数 a_1 和最右端读数 a_2，若 $a_1 \neq a_2$，调整调整垫的高度再次校正，直到 $a_1 = a_2$。

（2）检测记录：沿 X 轴全行程移动工作台，记录移动过程中千分表最大读数 a_{max} 和最小读数 a_{min}。

（3）计算判断：千分表读数的最大代数差值 $\delta_a = a_{max} - a_{min}$，就是 X 轴运动（工作台左右移动）在 XZ 平面内的直线度误差。

3）允差值

X>1 250~2 000，为 0.025。局部允差：在任意 300 测量长度上为 0.007。

机床精度级别不同，该允差值也不相同。

若检测的误差值小于允差值，则合格。

2. XY 面的检测

1）安装仪器工具

（1）将十字滑台移到 Y 向中间；在工作台面上中间平放平尺在其上，使侧面平行于 X 轴线，如图 3-1-8（b）所示。

（2）将磁性表座固定在主轴端部，千分表触头垂直触及检测面，并有一定压缩量。

2）检测过程

（1）校正：沿 X 向移动工作台，读出千分表接触方尺的最左端读数 b_1 和最右端读数 b_2，若 $b_1 \neq b_2$，轻轻敲击平尺侧面再次校正，直到 $b_1 = b_2$。

（2）检测记录：沿 X 轴全行程移动工作台，记录移动过程中千分表最大读数 b_{max} 和最小读数 b_{min}。

（3）计算判断：千分表读数的最大代数差值 $\delta_b = b_{max} - b_{min}$，就是 X 轴运动（工作台左右移动）在 XY 平面内的直线度误差。

3）允差值

$X > 1\,250 \sim 2\,000$，为 0.025 mm。局部允差：在任意 300 mm 测量长度上为 0.007 mm。机床精度级别不同，该允差值也不相同。

若检测的误差值小于允差值，则合格。

子任务 3　Y 轴运动（十字滑台前后移动）直线度检测

1. YZ 面的检测

Y 轴运动直线度

检测

1）安装仪器工具

（1）将工作台移到 X 向中间；在工作台面上中间垂直于 T 形槽放两个可调整垫块，平尺立放在其上，并平行于 Y 轴线，如图 3-1-9（a）所示。

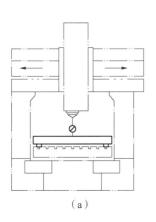 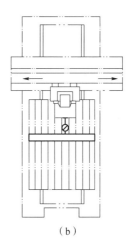

（a）　　　　　　　　　　　　　　　　　　（b）

图 3-1-9　Y 轴运动（十字滑台前后移动）直线度检测

（a）YZ 面内；（b）XY 面内

（2）将磁性表座固定在主轴端部，千分表触头垂直触及检测面，并有一定压缩量。

2）检测过程

（1）校正：沿 Y 向移动十字滑台，读出千分表接触方尺的最前端读数 a_1 和最后端读数 a_2，若 $a_1 \neq a_2$，调整调整垫的高度再次校正，直到 $a_1 = a_2$。

（2）检测记录：沿 Y 轴全行程十字滑台，记录移动过程中千分表最大读数 a_{max} 和最小读数 a_{min}。

（3）计算判断：千分表读数的最大代数差值 $\delta_a = a_{max} - a_{min}$，就是 Y 轴运动（十字滑台前后移动）在 YZ 平面内的直线度误差。

3）允差值

$Z > 500 \sim 800$，全行程允差为 0.015 mm，每 300 mm 允差 0.007 mm。

机床精度级别不同，该允差值也不相同。

若检测的误差值小于允差值，则合格。

2. XY面的检测

1）安装仪器工具

（1）将工作台移到X向中间；在工作台面上中间垂直于T形槽放两个可调整垫块，平尺平放在其上，并平行于Y轴线，如图3-1-8（b）所示。

（2）将磁性表座固定在主轴端部，千分表触头垂直触及检测面，并有一定压缩量。

2）检测过程

（1）校正：沿Y向十字滑台，读出千分表接触方尺的最前端读数b_1和最后端读数b_2，若$b_1 \neq b_2$，轻轻敲击平尺侧面再次校正，直到$b_1 = b_2$。

（2）检测记录：沿Y轴全行程移动工作台，记录移动过程中千分表最大读数b_{max}和最小读数b_{min}。

（3）计算判断：千分表读数的最大代数差值$\delta_b = b_{max} - b_{min}$，就是Y轴运动（十字滑台前后移动）在XY平面内的直线度误差。

3）允差值

$X > 1\,250 \sim 2\,000$，为0.025 mm。局部允差：在任意300 mm测量长度上为0.007 mm。机床精度级别不同，该允差值也不相同。若检测的误差值小于允差值，则合格。

子任务4　Z轴运动（主轴箱沿立柱的上下移动）角度偏差检测

1）安装仪器工具

（1）将板桥放置在主轴箱上面。

（2）使精密水平仪平行于Y轴方向（或X向）放置在板桥上，如图3-1-10所示。

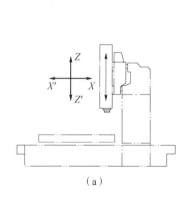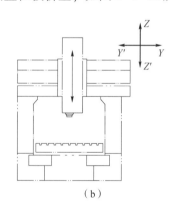

（a）　　　　　　　　　　　　　　　　（b）

图3-1-10　Z轴运动角度偏差检测

（a）Y向（俯仰）；（b）X向（偏斜）

2）检测过程

（1）检测记录：沿Z轴方向等距离移动主轴箱（均分为5段），每移动一段距离，记下水平仪的读数，分别为a_1、a_2、a_3、a_4、a_5（或b_1、b_2、b_3、b_4、b_5）

（2）计算判断：画图计算出Y向（或X向）直线度误差值（角度偏差），计算方法参见任务2-1中的直线度误差处理方法。

3）允差值

0.03 mm/500 mm。机床精度级别不同，该允差值也不相同。

若检测的误差值小于允差值，则合格。

子任务5　X轴运动角度偏差检测

1. 工作台X向移动在ZX垂直面内的角度偏差（俯仰）检测

1）安装仪器工具

如图3-1-11（a）所示，将精密水平仪平行于X向放在工作台中间。

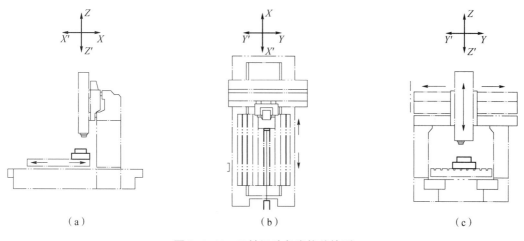

图3-1-11　X轴运动角度偏差检测

（a）（俯仰）纵向；（b）（偏摆）水平；（c）（倾斜）横向

2）检测过程

（1）检测记录：将工作台自左向右沿X向全行程分段移动，每段移动约250 mm，观察并记录水平仪气泡偏离方向和格数指示器。

（2）计算判断：把各段读数列表，并绘图计算出直线度误差，即工作台（或立柱）纵向移动在ZX垂直面内的角度偏差。

3）角度偏差允差

（1）精密级机床：若行程<1 000 mm，0.04 mm/1 000 mm；若行程>1 000 mm，0.06 mm/1 000 mm。

（2）普通级机床：若行程<1 000 mm，0.06 mm/1 000 mm；若行程>1 000 mm，0.10 mm/1 000 mm。

2. 工作台X向移动在YZ平面内的角度偏差（偏摆）检测

1）安装仪器工具

如图3-1-11（b）所示，将精密水平仪平行于Y向放在工作台中间。

2）检测过程

（1）检测记录：将工作台自左向右沿X向全行程分段移动，每段移动约250 mm，观察并记录水平仪气泡偏离方向和格数指示器。

（2）计算判断：把各段读数列表，并绘图计算出直线度误差即工作台 *X* 向移动在 *YZ* 垂直面内的角度偏差。

3）角度偏差允差

（1）精密级机床：0.018 mm/1 000 mm。

（2）普通级机床：0.030 mm/1 000 mm。

3. 工作台 *X* 向移动在 *XY* 平面内的角度偏差（倾斜）检测

1）安装仪器工具

（1）将准直仪放置在工作台左侧，光线平行于 *X* 方向；将反射镜置于工作台中间位置，如图 3-1-11（c）所示。

（2）左右移动工作台，校准准直仪光线，使其照准反射镜。

2）检测过程

（1）检测记录：沿 *X* 轴方向等距离移动工作台（每段约 250 mm），每移动一段距离，进行一次照准，读取准直仪偏斜角度变化的数值，分别为 a_1、a_2、a_3、a_4、a_5。

（2）计算判断：经数据处理，即可得到工作台 *X* 向移动在 *XY* 平面内的角度偏差。

3）允差值

允差值为 0.03 mm/500 mm。机床精度级别不同，该允差值也不相同。

若检测的误差值小于允差值，则合格。

子任务6　*Y* 轴运动角度偏差检测

1. 十字滑台 *Y* 向移动在 *YZ* 垂直面内的角度偏差（俯仰）检测

1）安装仪器工具

如图 3-1-12（a）所示，将精密水平仪平行于 *Y* 向放在工作台中间。

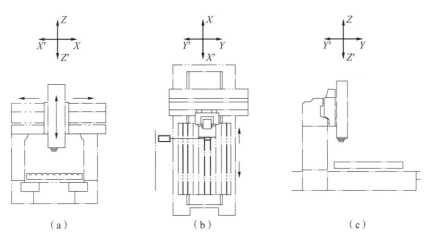

图 3-1-12　*Y* 轴运动角度偏差检测

（a）（俯仰）纵向；（b）（偏摆）水平；（c）（倾斜）横向

2）检测过程

（1）检测记录将十字滑台自前向后沿 *Y* 向全行程分段移动，每段移动约 250 mm，观察并记录水平仪气泡偏离方向和格数指示器。

（2）计算判断：把各段读数列表，并绘图计算出直线度误差即十字滑台 Y 向移动在 YZ 垂直面内的角度偏差。

3）角度偏差允差

（1）精密级机床：若行程<1 000 mm，0.04 mm/1 000 mm；若行程>1 000 mm，0.06 mm/1 000 mm。

（2）普通级机床：若行程<1 000 mm，0.06 mm/1 000 mm；若行程>1 000 mm，0.10 mm/1 000 mm。

2. 十字滑台 Y 向移动在 XZ 平面内的角度偏差（偏摆）检测

1）安装仪器工具

如图 3-1-12（b）所示，将精密水平仪平行于 X 向放在工作台中间。

2）检测过程

（1）检测记录：将十字滑台自前向后（或自后向前）Y 向全行程分段移动，每段移动约 250 mm，观察并记录水平仪气泡偏离方向和格数指示器。

（2）计算判断：把各段读数列表，并绘图计算出直线度误差，即十字滑台 Y 向移动在 XZ 平面内的 XZ 垂直面内的角度偏差。

3）角度偏差允差

（1）精密级机床：0.018 mm/1 000 mm。

（2）普通级机床：0.030 mm/1 000 mm。

3. 十字滑台 Y 向移动在 XY 平面内的角度偏差（倾斜）检测

1）安装仪器工具

（1）将准直仪放置在工作台前侧，光线平行于 Y 方向；将反射镜置于工作台中间位置，如图 3-1-12（c）所示。

（2）左右移动工作台，校准准直仪光线，使其照准反射镜。

2）检测过程

（1）检测记录：沿 Y 轴方向等距离移动十字滑台（分为 5 段），每移动一段距离，进行一次照准，读取准直仪偏斜角度变化的数值，分别为 a_1、a_2、a_3、a_4、a_5。

（2）计算判断：经数据处理，即可得到十字滑台 Y 向移动在 XY 平面内的角度偏差。

3）允差值

允差值为 0.03 mm/500 mm。机床精度级别不同，该允差值也不相同。

若检测的误差值小于允差值，则合格。

子任务 7　X 轴运动与 Z 轴运动垂直度检测

1）安装仪器工具

（1）如图 3-1-13 所示，将十字滑台移到 Y 向中间，在工作台面上中间放两个可调整垫块；将方尺非检测面平行于 XZ 平面立放在其上。

X 轴运动与 Z 轴运动的垂直度检测

图 3-1-13　X⊥Z 的检测

（2）将磁性表座固定在主轴端部，千分表触头垂直触及检测面，并有一定压缩量。

2）检测过程

（1）校正：沿 X 向移动工作台，读出千分表接触方尺上表面的最左端读数 a_1 和最右端读数 a_2，若 $a_1 \neq a_2$，调整调整垫的高度再次校正，直到 $a_1 = a_2$。

（2）检测记录：沿立柱（Z 轴方向）全行程移动主轴箱，记录移动过程中千分表最大读数 a_{max} 和最小读数 a_{min}。

（3）计算判断：千分表读数的最大代数差值 $\delta_a = a_{max} - a_{min}$，就是 X 轴运动与 Z 轴运动的垂直度误差。

3）允差值

垂直度允差：0.012 mm/300 mm（精密级），0.016 mm/300 mm（普通级）。

若检测的误差值小于允差值，则合格。

Y 轴运动与 Z 轴运动的垂直度检测

子任务 8　Y 轴运动与 Z 轴运动垂直度检测

1）安装仪器工具

（1）如图 3-1-14 所示，将工作台移到 X 向中间，在工作台面上中间放两个可调整垫块；将方尺非检测面平行于 YZ 平面立放在其上。

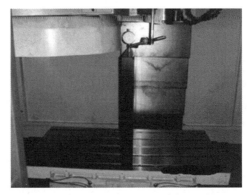

图 3-1-14　Y⊥Z 的检测

（2）将磁性表座固定在主轴端部，千分表触头垂直触及检测面，并有一定压缩量。

2）检测过程

（1）校正：沿 Y 向移动十字滑台，读出千分表接触方尺上表面的最左端读数 b_1 和最右端读数 b_2，若 $b_1 \neq b_2$，调整调整垫的高度再次校正，直到 $b_1 = b_2$。

（2）检测记录：沿立柱（Z 轴方向）全行程移动主轴箱，记录移动过程中千分表最大读数 b_{max} 和最小读数 b_{min}。

（3）计算判断：千分表读数的最大代数差值 $\delta_b = b_{max} - b_{min}$，就是 Y 轴运动与 Z 轴运动的垂直度误差。

3）允差值

垂直度允差：0.012 mm/300 mm（精密级），0.016 mm/300 mm（普通级）。

X 轴运动与 Y 轴运动的垂直度检测

若检测的误差值小于允差值，则合格。

子任务9　X 轴运动与 Y 轴运动垂直度检测

1）安装仪器工具

（1）如图 3-1-15 所示，将方尺非检测面平行于 XY 平面平放在工作台上，使其两相邻检测面分别平行于 XZ 面和 YZ 面。

固定表座，指针指在方尺处

百分表固定在十字滑台上

图 3-1-15　$X \perp Y$ 的检测

（2）将磁性表座固定在主轴端部，千分表触头垂直触及检测面，并有一定压缩量。

2）检测过程

（1）校正：沿 Y 向移动十字滑台，读出千分表接触方尺最前端读数 c_1 和最后端读数 c_2，若 $c_1 \neq c_2$，则用橡皮锤轻轻敲击大理石方尺再次校正，直到 $c_1 = c_2$。

（2）检测记录：沿 X 轴方向全行程移动工作台，记录移动过程中千分表最大读数 c_{max} 和最小读数 c_{min}。

（3）计算判断：千分表读数的最大代数差值 $\delta_c = c_{max} - c_{min}$，就是 Y 轴运动与 Z 轴运动的垂直度误差。

3）允差值

垂直度允差：0.012 mm/300 mm（精密级），0.016 mm/300mm（普通级）。

若检测的误差值小于允差值，则合格。

（三）实施记录

1. Z轴运动直线度检测：记录表（表3-1-4）填写

实训记录表3-1-4 Z轴运动直线度检测实训记录

序号	实训步骤	过程及实训记录值	实训记录照片
1	仪器工具安装		
2	检测：读取指示仪最大读数和最小读数	过程： 数据： XZ 面内： YZ 面内：	
3	计算与判断	XZ 面内：①误差值： ②允差值： YZ 面内：①误差值： ②允差值：	

2. X轴运动直线度检测：记录表（表3-1-5）填写

实训记录表3-1-5 X轴运动直线度检测实训记录

序号	实训步骤	过程及实训记录值	实训记录照片
1	仪器工具安装		
2	检测：读取指示仪最大读数和最小读数	过程： 数据： XZ 面内： XY 面内：	
3	计算与判断	XZ 面内：①误差值： ②允差值： XY 面内：①误差值： ②允差值：	

3. Y 轴运动直线度检测：记录表（表 3-1-6）填写

实训记录表 3-1-6　Y 轴运动直线度检测实训记录

序号	实训步骤	过程及实训记录值	实训记录照片
1	仪器工具安装		
2	检测：读取指示仪最大读数和最小读数	过程： 数据： YZ 面内： XY 面内：	
3	计算与判断	YZ 面内：①误差值： ②允差值： XY 面内：①误差值： ②允差值：	

4. Z 轴运动角度偏差检测：记录表（表 3-1-7）填写

实训记录表 3-1-7　Z 轴运动角度偏差检测实训记录

序号	实训步骤	过程及实训记录值	实训记录照片
1	仪器工具安装		
2	检测：读取指示仪最大读数和最小读数	过程： 数据： XZ 面内： YZ 面内：	
3	计算与判断	XZ 面内：①误差值： ②允差值： YZ 面内：①误差值： ②允差值：	

5. X 轴运动角度偏差检测：记录表（表 3-1-8）填写

实训记录表 3-1-8　X 轴运动直线度检测实训记录

序号	实训步骤	过程及实训记录值	实训记录照片
1	仪器工具安装		
2	检测：读取指示仪最大读数和最小读数	过程： 数据： 俯仰（XZ 面内）： 偏摆（YZ 面内）： 倾斜（XY 面内）：	
3	计算与判断	俯仰：①误差值： 　　　②允差值： 偏摆：①误差值： 　　　②允差值： 倾斜：①误差值： 　　　②允差值：	

6. Y 轴运动角度偏差检测：记录表（表 3-1-9）填写

实训记录表 3-1-9　Y 轴运动角度偏差检测实训记录

序号	实训步骤	过程及实训记录值	实训记录照片
1	仪器工具安装		
2	检测：读取指示仪最大读数和最小读数	过程： 数据： 俯仰（YZ 面内）： 偏摆（XZ 面内）： 倾斜（XY 面内）：	
3	计算与判断	俯仰：①误差值： 　　　②允差值： 偏摆：①误差值： 　　　②允差值： 倾斜：①误差值： 　　　②允差值：	

7. *X 轴运动与 Z 轴运动的垂直度检测：记录表（表 3-1-10）填写*

实训记录表 3-1-10　X⊥Z 检测实训记录

序号	实训步骤	过程及实训记录值	实训记录照片
1	仪器工具安装		
2	检测过程	（1）校正： （2）检测：	
3	数据记录	最大读数：a_{max} 最小读数：a_{min}	
4	计算与判断	误差值：$\delta_a = a_{max} - a_{min}$ 允差值：	

8. *Y 轴运动与 Z 轴运动的垂直度检测：记录表（表 3-1-11）填写*

实训记录表 3-1-11　Y⊥Z 检测实训记录

序号	实训步骤	过程及实训记录值	实训记录照片
1	仪器工具安装		
2	检测过程	（1）校正： （2）检测：	
3	数据记录	最大读数：b_{max} 最小读数：b_{min}	
4	计算与判断	误差值：$\delta_b = b_{max} - b_{min}$ 允差值：	

9. *X 轴运动与 Y 轴运动的垂直度检测：记录表（表 3-1-12）填写*

实训记录表 3-1-12　X⊥Y 检测实训记录

序号	实训步骤	过程及实训记录值	实训记录照片
1	仪器工具安装		
2	检测过程	（1）校正： （2）检测：	
3	数据记录	最大读数：c_{max} 最小读数：c_{min}	
4	计算与判断	误差值：$\delta_c = c_{max} - c_{min}$ 允差值：	

 **检查与评估**

1. 过程检查（表 3-1-13）

表 3-1-13　过程检查表

序号	检查项	自查	教师检查
1	5S 管理； A. 实训之前，是否按时到岗； B. 实训过程中，是否按要求拍照记录； C. 实训之后，是否打扫清洁，仪器设备是否按要求摆放； D. 实训之后，是否按时提交表格（电子版）		
2	规范性检查： A. 照片拍摄是否完整； B. 照片与文字是否对应		

2. 结果检查

1）目测检查（表 3-1-14）

表 3-1-14　目测检查表

序号	性能及目测		评估	
			学生自评	教师评价/互评
1	提交了表格	目测		
2	项目有对应描述			
3	是否有记录及计算过程			
目测结果				
评价成绩			N_1:	N_2:　　N_3:

不合格原因分析，如何改进？

_____

_____

_____

_____

_____

_____

_____

_____

2）内容检测（表2-1-15）

表 3-1-15　内容检测表

序号	检测项	检测记录	
		学生	教师
1	检测步骤是否完整		
2	数据记录是否完整		
	检测结果		
	评价成绩	M_1：	M_2：

不合格原因分析，如何改进？

_____

_____

_____

_____

_____

_____

_____

_____

_____

_____

_____

_____

_____

3. 结果评估与分析

1）综合评价（表3-1-16）

主观得分：$X_{1,1} = \dfrac{提交表格数}{评估点数} \times 系数 = \dfrac{N_1}{9} \times 1 =$

$X_{1,2} = \dfrac{对应相片}{评估点数} \times 系数 = \dfrac{N_2}{18} \times 2 =$

$X_{1,3} = \dfrac{数据记录}{评估点数} \times 系数 = \dfrac{N_3}{40} \times 2 =$

客观得分：$X_{2,1} = \dfrac{检测步骤}{评估点数} \times 系数 = \dfrac{M_1}{18} \times 3 =$

$X_{2,2} = \dfrac{记录数据}{评估点数} \times 系数 = \dfrac{M_2}{18} \times 2 =$

表 3-1-16　综合评表

项目	结果
主观得分 $X_1 = X_{1,1} + X_{1,2} + X_{1,3}$	
客观得分 $X_2 = X_{2,1} + X_{2,2}$	
百分制得分实际得分（主观分+客观分）	

学生签名：_____　教师签名：_____　日期：_____

2）总结分析

_____

_____

_____

_____

_____

_____

_____

_____

_____

_____

_____

_____

_____

_____

_____

_____

_____

_____

思考与扩展

一、填空题

1. 立式加工中心的 Z 轴方向是_____，X 轴方向是_____，Y 轴方向是_____。

2. 立式加工坐标轴检测主要有坐标轴运动的_____或_____，两坐标轴运动的_____。

二、单项选择题

1. 检测工作台左右移动与十字滑台前后移动的垂直度时，大理石方尺非检测面应如何放置？（   ）

A. 平行于 XZ 平面   B. 平行于 YZ 平面

C. 平行于 XY 平面   D. 随意放置

2. 立式加工中心 Z 轴直线度检测时，不需要用到哪种仪器工具？（   ）

A. 精密水平仪   B. 千分表及磁性表座

C. 大理石方尺   D. 调整垫块

三、多项选择题

立式加工中心 X 轴与 Z 轴垂直度检测，需要用到的检测仪器工具有（   ）。

A. 千分表及表座   B. 莫氏锥度锥柄检验棒

C. 大理石平尺   D. 调整垫块

四、拓展题

查阅资料，画图并简述准直仪检测角度偏差的方法。

任务 3-2 立式加工中心工作台几何精度检测

任务描述

加工中心（或数控铣床）的移动工作台安装在十字滑台上面，是用于安装被加工零件的承载部件。工作台台面要求平整，有平面度精度要求；立式加工中心的移动工作台可以沿 X 轴方向左右移动，并可在十字滑台的带动下沿 Y 轴方向前后移动，工作台移动时与 X 轴方向或 Y 轴方向有平行度要求；工作台上面的 T 形槽可以通过螺栓压板组件装夹工件，其中基准 T 形槽或中央 T 形槽与 X 方向有平行度要求。本任务要求根据立式加工中心检测标准，选择合适的检测仪器工具，完成如图 3-2-1 所示工作台的平面度和平行度检测以及基准 T 形槽的几何精度检测。

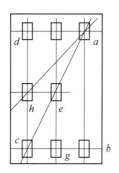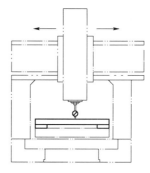

图 3-2-1 工作台几何精度检测

任务目标

（1）能够正确检测工作台的平面度。
（2）能够检测工作台与各坐标轴的平行度或垂直度。
（3）能够检测工作台基准 T 形槽精度。
（4）培养基准意识、树立大局观。

知 识链接

（一）工作台

1. 机床工作台功能

数控机床工作台是用来承载、安装工件的部件，其材料一般为高强度铸铁。主要用于机床加工工作平面使用，上面有孔和 T 形槽，用来固定工件和清理加工时产生的铁屑。按 JB/T 7974—1999 标准制造，产品制成筋板式和箱体式，工作面采用刮研工艺。

2. 工作台类别

加工中心的工作台根据其用途可以分为移动工作台（直线工作台）、回转工作台、交换工作台等，如图 3-2-2 所示。

（a）　　　　　　　　　　（b）　　　　　　　　　　（c）

图 3-2-2　工作台类别

（a）移动工作台；（b）回转工作台；（c）交换工作台

回转工作台带有可转动的台面，用以装夹工件并实现回转和分度定位的机床附件，简称转台或第四轴。加工中心用交换工作台的作用是增加机床的加工时间，减少因工件装夹而引起的停机时间。

（二）移动工作台几何精度

1. 工作台要求

1）平面度

平面度误差是指实际平面相对于理想平面的偏移距离，其公差带为与理想平面平行的两个平面之间的区域，如图 3-2-3 所示。平面度误差的评定方法有：三远点法、对角线法、最小二乘法和最小区域法 4 种。其中较为常用的三远点法是以通过实际被测表面上相距最远的三点所组成的平面作为评定基准面，以平行于此基准面，且具有最小距离的两包容平面间的距离作为平面度误差值。

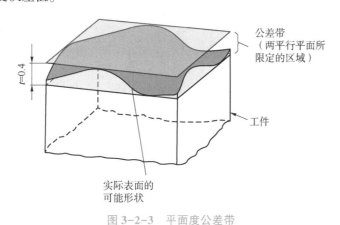

图 3-2-3　平面度公差带

工作台用于安装工件，其表面要求平整，平面度要求较高。其测量方法常用的有平晶干涉法、打表测量法、水平仪测量法等。

2）运动精度

立式加工中心工作台的运动方向为：沿着 X 方向左右移动；随十字滑台沿 Y 向前后移动。因此，工作台移动必须与 X 轴移动或 Y 轴移动有平行度要求，并且与 Z 轴移动有垂直度要求。

2. T 形槽要求

T 形槽是工作台上用来安装螺栓以固定工件的槽，如图 3-2-4 所示。

 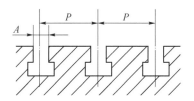

图 3-2-4　工作台 T 形槽

T 形槽的槽宽、数目及间距和工作台大小有关，根据 GB/T 158—1996 规定，如表 3-2-1 所示。工作台的 T 形槽对称排列，奇数的中央 T 形槽为基准 T 形槽，偶数时需在工作台上注明。

表 3-2-1　工作台 T 形槽槽宽及间距　　　　　　　　　　　　　　　　　　　　　mm

槽宽 A	5	6	8	10	12	14	18	22	28	36	42	48	54
					(40)	(50)	(63)	(80)	100	125	160	200	250
间距 P	20	25	32	40	50	63	80	100	125	160	200	250	320
	25	32	40	50	63	80	100	125	160	200	250	320	400
	32	40	50	63	80	100	125	160	200	250	320	400	500

T 形槽的侧面为工作面，平行于 X 轴运动方向，与 X 向有平行度要求；两个侧面间也有平行度要求。

任务实施

（一）准备工作

1. 实训场所及仪器设备

（1）实训场所：数控实训车间或企业现场。

（2）实训设备：立式加工中心或立式数控铣床。

（3）实训仪器、工具：精密水平仪（0.02 mm/m）两个，检测板桥，大理石平尺，大理石方尺，千分表及磁性表座，杠杆千分表。

2. 其他

记录纸笔、拍照设备、教材。

（二）实施步骤

子任务1 工作台平面度检测

1）安装仪器工具

（1）将十字滑台移动到 Y 向中间，工作台移动到 X 向中间。

（2）在工作台面上放一桥板，桥板上放一精密水平仪，锁紧工作台，如图3-2-5所示。

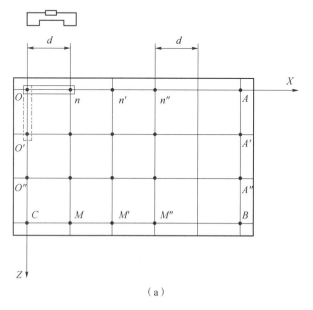

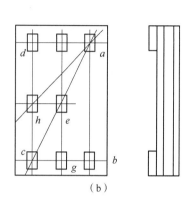

图3-2-5 工作台平面度检测

(a) XZ 面内；(b) YZ 面内

2）检测过程

（1）将桥板放置在图中 O 点位置，水平仪平行于 X 方向放置，读出水平仪两端的读数差，并记录为 $a_{1,1}$。

（2）沿 X 方向等距离（每隔一桥板长度为 200~250 mm）移动桥板检验，分别计算各点两端的水平仪读数差 $a_{1,1}$，$a_{1,2}$，…，$a_{1,n}$。

（3）将桥板放置在图中 O 点位置，水平仪平行于 Y 方向放置，读出水平仪两端的读数差，并记录为 $b_{1,1}$。

（4）将桥板放置在图中 O' 点位置（OO' 距离为一个桥板的跨距），水平仪平行于 X 方向放置，读出水平仪两端的读数差，并记录为 $a_{2,1}$。沿 X 方向等距离（每隔一桥板长度为 200~250 mm）移动桥板检验，分别计算各点两端的水平仪读数差 $a_{2,1}$，$a_{2,2}$，…，$a_{2,n}$。

（5）将桥板放置在图中 O' 点位置，水平仪平行于 Y 方向放置，读出水平仪两端的读数差，并记录为 $b_{2,1}$；将桥板放置在图中 O'' 点位置，（$O'O''$ 距离为一个桥板的跨距），水平仪平

行于 X 方向放置，读出水平仪两端的读数差，并记录为 $a_{3,1}$。沿 X 方向等距离（每隔一桥板，长度为 200~250 mm）移动桥板检验，分别计算各点两端的水平仪读数差 $a_{3,1}$，$a_{3,2}$，$\cdots$，$a_{3,n}$。

（6）依次分行检测，每行跨距均为桥板有效长度。

3）计算判断

通过 O、A、C 建立基准平面，根据水平仪读数求得各测点到基准平面的坐标值。各测点到基准平面的坐标值最大差值即平面度误差。

4）平面度允差

在任意 300 mm 测量长度上，普通级为 0.02 mm，精密级为 0.012 mm。

子任务 2　工作台面与 X 轴运动的平行度检测

1）安装仪器工具

（1）如图 3-2-6 所示，将十字滑台移至 Y 行程中间；将大理石平尺用等高量块垫放在工作台上（平行于 X 向）。

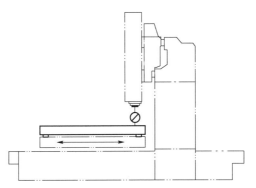

图 3-2-6　工作台面与 X 轴运动的平行度检测

（2）将磁性表座固定在主轴端部，千分表触头垂直触及平尺上检测面，并有一定压缩量。

2）检测过程

（1）检测记录：沿 X 轴全行程移动工作台，记录移动过程中千分表最大读数 $a_{\max}$ 和最小读数 $a_{\min}$。

（2）计算判断：千分表读数的最大代数差值 $\delta_a - u_{\max} - u_{\min}$，就是工作台面对 X 轴运动（工作台左右移动）在 XZ 平面内的平行度误差。

3）允差值

①精密级机床：局部允差 0.010 mm/300 mm；全程允差不超过 0.030 mm。

②普通级机床：局部允差 0.016 mm/300 mm；全程允差不超过 0.050 mm。

若检测的误差值小于允差值，则合格。

子任务 3　工作台面与 Y 轴运动的平行度检测

1）安装仪器工具

（1）将工作台移动到 X 向中间；将大理石平尺用等高量块垫放在工作台上（平行于 Y

向），如图 3-2-7 所示。

（2）将磁性表座固定在主轴端部，千分表触头垂直触及平尺上检测面，并有一定压缩量。

2）检测过程

（1）检测记录：沿 Y 轴全行程移动工作台，记录移动过程中千分表最大读数 b_{max} 和最小读数 b_{min}。

（2）计算判断：千分表读数的最大代数差值 $\delta_b = b_{max} - b_{min}$，就是工作台面对 Y 轴运动的平行度误差。

3）允差值

（1）精密级机床：局部允差 0.010 mm/300mm；全程允差不超过 0.030 mm。

（2）普通级机床：局部允差 0.016 mm/300mm；全程允差不超过 0.050 mm。

若检测的误差值小于允差值，则合格。

横向滑座移动

图 3-2-7　工作台面和 Y 轴
运动的平行度检测

子任务 4　工作台面与 Z 轴运动的垂直度检测

1. 工作台面与 Z 轴方向在 XZ 平面内的垂直度检测

1）安装仪器工具

（1）将工作台、十字滑台移至 X 和 Y 行程中间，将大理石方尺用等高量块垫放在工作台上（非检测面平行于 XZ 平面），如图 3-2-8（a）所示。

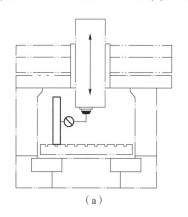
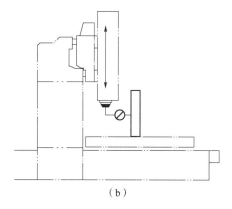

（a）　　　　　　　　　　　　　　　　　（b）

图 3-2-8　工作台面对 Z 轴运动的垂直度检测

（a）XZ 面内；（b）YZ 面内

（2）将磁性表座固定在主轴端部，千分表触头垂直触及方尺右侧（或左侧）检测面，并有一定压缩量。

2）检测过程

（1）检测记录：沿 Z 轴全行程上下移动主轴箱，记录移动过程中千分表最大读数 c_{max} 和

最小读数 c_{min}。

（2）计算判断：千分表读数的最大代数差值 $\delta_c = c_{max} - c_{min}$，就是工作台面对 Z 轴运动在 XZ 面内的垂直度误差。

3）允差值

（1）精密级机床，0.010 mm/300 mm。

（2）普通级机床，0.016 mm/300 mm。

若检测的误差值小于允差值，则合格。

2. 工作台面与 Z 轴方向在 YZ 平面内的垂直度检测

1）安装仪器工具

（1）将工作台、十字滑台移至 X 和 Y 行程中间，将大理石方尺用等高量块垫放在工作台上（非检测面平行于 YZ 平面），如图 3-2-8（b）所示。

（2）将磁性表座固定在主轴端部，千分表触头垂直触及方尺前侧（或后侧）检测面，并有一定压缩量。

2）检测过程

（1）检测记录：沿 Z 轴全行程上下移动主轴箱，记录移动过程中千分表最大读数 d_{max} 和最小读数 d_{min}。

（2）计算判断：千分表读数的最大代数差值 $\delta_d = d_{max} - d_{min}$，就是工作台面对 Z 轴运动在 XZ 面内的垂直度误差。

3）允差值

（1）精密级机床，0.010 mm/300 mm。

（2）普通级机床，0.016 mm/300 mm。

若检测的误差值小于允差值，则合格。

子任务5 基准T形槽直线度检测

1）安装仪器工具

（1）如图 3-2-9 所示，将平尺立放在工作台上（平行于 X 向）；T形垫块放置在T形槽内，使其侧面紧贴T形槽工作面。

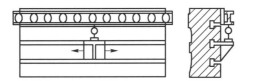

图 3-2-9 工作台基准T形槽的直线度检测

（2）磁性表座吸附在T形垫块表面上；触头触及平尺侧表面，并有一定压缩量。

2）检测过程

（1）校正：T形垫块沿 X 向左右移动，读出指示器触头接触平尺最左端和最右端的读数，轻移平尺，使最左端读数和最右端读数相等。

（2）检测记录：T形垫块沿 X 向左右移动，记录移动过程中千分表最大读数 a_{max} 和最小读数 a_{min}。

（3）计算判断：千分表读数的最大代数差值 $\delta_a = a_{max} - a_{min}$，即工作台基准T形槽直线度误差。

3）允差值

（1）精密级机床，局部 ≤ 0.008 mm/500 mm，全程 ≤ 0.025 mm。

（2）普通级机床，局部 ≤ 0.010 mm/500 mm，全程 ≤ 0.050 mm。

若检测的误差值小于允差值，则合格。

基准T型槽与 X 轴
运动的平行度检测

子任务6 基准T形槽与 X 轴运动的平行度检测

1）安装仪器工具

（1）如图3-2-10所示，将十字滑台移至 Y 行程中间；在工作台基准T形槽中紧密地塞入两个量块，将平尺的一个检验面紧靠量块的一侧。

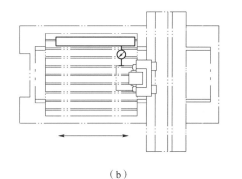

（a）　　　　　　　　　　　　　　　（b）

图3-2-10　基准T形槽与 X 轴运动的平行度检测

（2）在主轴箱上固定指示器，使其测头触及平尺的另一个检验面，并有一定压缩量。

2）检测过程：

（1）检测记录：沿 X 轴方向全行程移动工作台，记录移动过程中千分表最大读数 b_{1max} 和最小读数 b_{1min}。

（2）计算判断：计算千分表读数的最大代数差值 $\delta_{b_1} = b_{1max} - b_{1min}$；同样的方法检测T形槽另一侧面，再次计算 $\delta_{b_2} = b_{2max} - b_{2min}$，取两者中的较大值为T形槽与 X 轴运动的平行度误差。

3）允差值

（1）精密级机床，局部 ≤ 0.010 mm/300 mm，全程 ≤ 0.025 mm。

（2）普通级机床，局部 ≤ 0.015 mm/300 mm，全程 ≤ 0.040 mm。

（三）实施记录

1. 工作台平面度检测（表3-2-2）

实训记录表3-2-2　工作台平面度检测

序号	实训步骤	过程及实训记录值	实训记录照片
1	仪器工具安装		
2	数据记录	过程数据： 第一行： 行间 第二行： 行间 第三行： 行间 ⋮	
3	计算与判断	计算结果： 允差值：	

2. 工作台面与 X 轴运动的平行度检测（表3-2-3）

实训记录表3-2-3　工作台面与 X 轴运动的平行度检测

序号	实训步骤	过程及实训记录值	实训记录照片
1	仪器工具安装		
2	检测：读取指示仪最大读数和最小读数	过程： 数据： 最大读数： 最小读数：	
3	计算与判断	误差值： 允差值：	

3. 工作台面与 Y 轴运动的平行度检测（表 3-2-4）

实训记录表 3-2-4　工作台面与 Y 轴运动的平行度检测

序号	实训步骤	过程及实训记录值	实训记录照片
1	仪器工具安装		
2	检测：读取指示仪最大读数和最小读数	过程： 数据： 最大读数： 最小读数：	
3	计算与判断	误差值： 允差值：	

4. 工作台面与 Z 轴运动的垂直度检测（表 3-2-5）

实训记录表 3-2-5　工作台面与 Z 轴运动的垂直度检测

序号	实训步骤	过程及实训记录值	实训记录照片
1	仪器工具安装		
2	检测：读取指示仪最大读数和最小读数	过程： 数据： XZ 面内 YZ 面内	
3	计算与判断	XZ 面内： ①误差值： ②允差值： YZ 面内： ①误差值： ②允差值：	

5. 基准 T 形槽直线度检测（表 3-2-6）

实训记录表 3-2-6　基准 T 形槽直线度检测

序号	实训步骤	过程及实训记录值	实训记录照片
1	仪器工具安装		
2	检测：读取指示仪最大读数和最小读数	过程： 数据： 最大读数： 最小读数	
3	计算与判断	①误差值： ②允差值：	

6. 基准 T 形槽与 X 轴运动的平行度检测（表 3-2-7）

实训记录表 3-2-7　基准 T 形槽与 X 轴运动的平行度检测

序号	实训步骤	过程及实训记录值	实训记录照片
1	仪器工具安装		
2	检测：读取指示仪最大读数和最小读数	过程： 数据： 第一面： 最大读数： 最小读数： 第二面： 最大读数： 最小读数：	
3	计算与判断	第一次差值： 第二次差值： ①最大误差值： ②允差值：	

检查与评估

表 3-2-8　过程检查表

序号	检查项	自查	教师检查
1	5S 管理： A. 实训之前，是否按时到岗； B. 实训过程中，是否按要求拍照记录； C. 实训之后，是否打扫清洁，仪器设备是否按要求摆放； D. 实训之后，是否按时提交表格（电子版）		
2	规范性检查： A. 照片拍摄是否完整； B. 照片与文字是否对应		

2. 结果检查

1）目测检查（表 3-2-9）

表 3-2-9　目测检查表

序号	性能及目测		评估	
			学生自评	教师评价/互评
1	提交了表格	目测		
2	项目有对应照片			
3	是否有记录及计算过程			
目测结果				
评价成绩			N_1: 　　N_2: 　　N_3:	

不合格原因分析，如何改进？

_____

_____

_____

_____

_____

_____

_____

_____

2）内容检测（表3-2-10）

表 3-2-10　内容检查表

序号	检测项	检测记录	
		学生	教师
1	检测步骤是否完整		
2	数据记录是否完整		
	检测结果		
	评价成绩	M_1：	M_2：

不合格原因分析，如何改进?

_____

_____

_____

_____

_____

3. 结果评估与分析

1）综合评价（表3-2-11）

主观得分：$X_{1,1} = \dfrac{提交表格数}{评估点数} \times 系数 = \dfrac{N_1}{6} \times 1 =$

$X_{1,2} = \dfrac{对应照片}{评估点数} \times 系数 = \dfrac{N_2}{18} \times 2 =$

$X_{1,3} = \dfrac{数据记录}{评估点数} \times 系数 = \dfrac{N_3}{40} \times 2 =$

客观得分：$X_{2,1} = \dfrac{检测步骤}{评估点数} \times 系数 = \dfrac{M_1}{18} \times 3 =$

$X_{2,2} = \dfrac{记录数据}{评估点数} \times 系数 = \dfrac{M_2}{18} \times 2 =$

表 3-2-11　综合评价表

项目	结果
主观得分 $X_1 = X_{1,1} + X_{1,2} + X_{1,3}$	
客观得分 $X_2 = X_{2,1} + X_{2,2}$	
百分制得分实际得分（主观分+客观分）	

学生签名：_____　教师签名：_____　日期：_____

2）总结分析

_____

_____

_____

_____

_____

_____

_____

_____

_____

思考与扩展

一、填空题

1. 立式加工中心的工作台表面与_____轴和_____轴平行，与_____轴垂直。

2. 立式加工中心的工作台 T 形槽与_____轴平行。

二、单项选择题

1. 利用大理石方尺检测工作台面与 Z 轴垂直度时，磁性表座应该固定在（　　）。

A. 工作台上　　　　B. 主轴箱上　　　　C. 十字滑台上　　　　D. 底座上

2. 检测工作台面与 X 轴运动的平行度时，不需要用到的检测仪器或工具是（　　）。

A. 检验棒　　　　B. 千分表及磁性表座　　C. 大理石平尺　　　　D. 等高量块

三、简答题

工作台上的 T 形槽有什么作用？

任务 3-3　立式加工中心主轴几何精度检测

任务描述

　　立式加工中心主轴箱安装在立柱导轨上，可以沿立柱上下移动，主轴是用来夹持数控铣刀的部件。主轴的几何精度主要包括主轴旋转精度和主轴的方向精度。若主轴的径向跳动误差或轴向跳动误差超标，直接影响加工零件的几何形状精度、尺寸精度及其表面粗糙度，也会造成刀具磨损度不均匀；而主轴轴线方向如果存在偏差，也必然影响加工零件的尺寸和形状精度。因此，加工中心主轴的几何精度检测是检验加工中心制造精度是否达标的一项重要任务。本任务要求根据立式加工中心国家检测标准，选择合适的检测仪器工具，完成如图 3-3-1 所示主轴的径向跳动、轴向跳动检测以及与 Z 向的平行度检测。

图 3-3-1　立式加工中心主轴几何精度检测

任务目标

　　（1）能够检测立式加工中心主轴的径向跳动。

　　（2）能够检测立式加工中心主轴的轴向跳动。

　　（3）能够检测立式加工中心主轴轴线对 Z 轴的平行度。

　　（4）能够检测主轴对工作台面的垂直度。

　　（5）培养团结协作的团队意识。

（一）立式加工中心主轴

1. 立式加工中心主轴结构

主轴部件主要由主轴、前后轴承、传动机构、密封装置以及刀具自动卡紧机构等构成。主轴前端锥孔为 7∶24 锥度，用于安装 BT40 或 BT50 的刀柄，如图 3-3-2 所示。主轴常用材料为 45 钢、GCr15 等，经渗碳和感应加热淬火处理。

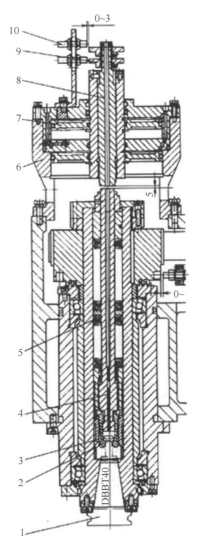

图 3-3-2　加工中心主轴及其刀具锁紧机构

1—刀柄；2—刀爪；3—内套；4—拉杆；5—弹簧；6—气缸；7—活塞；

8—压杆；9—撞块；10—行程开关

2. BT 刀柄结构

加工中心主轴锥孔通过 BT40 刀柄或 BT50 刀柄安装铣刀，BT 是日本 MAS403 的标准分类，40 或 50 是指的刀柄锥度截面直径大小。BT40 刀柄及其结构如图 3-3-3 所示。

（1）BT40

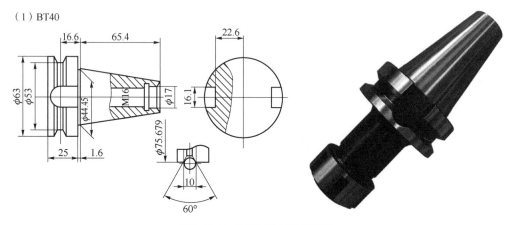

图 3-3-3　BT40 刀柄及其结构

（二）跳动误差

1. 跳动误差类型

1）圆跳动

圆跳动误差是指被测要素绕基准轴线回转一周时，由位置固定的指示器在给定方向上测得的最大与最小读数之差。圆跳动公差是被测要素在某一固定参考点绕基准轴线旋转一周（零件和测量仪器件无轴向位移）时，指示器值所允许的最大变动量。圆跳动符号用"↗"表示。

根据给定的测量方向不同，圆跳动又可以分为径向圆跳动、端面圆跳动和斜向圆跳动。

2）全跳动

全跳动误差是指被测实际表面绕基准轴线做无轴向移动的回转时，同时指示器做平行或垂直于基准轴线的移动，在整个过程中指示器测得的最大读数差。

全跳动公差是关联实际被测要素对其理想要素的允许变动量。当理想要素是以基准轴线为轴线的圆柱面时，称为径向全跳动；当理想要素是与基准轴线垂直的平面时，称为端面（轴向）全跳动。

2. 圆跳动误差的一般检测方法

圆跳动误差一般用指示器（百分表）或专用跳动检测仪进行检测，如图 3-3-4 所示。

检测时将轴的两端装上顶尖，以两顶尖连线模拟公共轴线（基准轴线），指示器触头垂直指向被检测表面，然后旋转轴一周，读取示值的最大差值。应多截取几个截面，取所有截面的差值中最大的数值作为圆跳动误差。

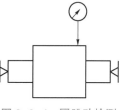

图 3-3-4　圆跳动检测

任务实施

（一）准备工作

1. 实训场所及仪器设备

（1）实训场所：数控实训车间或企业现场。

（2）实训设备：立式加工中心或立式数控铣床。

（3）实训仪器、工具：千分表及磁性表座，BT40 或 BT50 检测芯棒，黄油，钢球。

2. 其他

记录纸笔、拍照设备、教材。

（二）实施步骤

子任务 1　立式加工中心主轴定心轴颈的径向跳动检测

1）安装仪器工具

磁性表座吸附在工作台上；千分表触头垂直触及定心轴颈的表面，如图 3-3-5 所示。

立式加工中心主轴
径向跳动检测

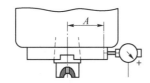

图 3-3-5　主轴定心轴颈的径向跳动检测

2）检测过程

手动或点动缓慢旋转主轴 1~2 圈，观察千分表指针读数，计算其最大读数差即定心轴颈的径向跳动误差。

3）主轴定心轴颈的径向跳动误差允差

（1）精密级机床：0.005 mm。

（2）普通级机床：0.008 mm。

子任务 2　立式加工中心主轴支承轴颈端部跳动检测

1）安装仪器工具

磁性表座吸附在工作台上；千分表触头垂直触及轴颈支承面的端面，并施加初始力，如图 3-3-6 所示。

立式加工中心主轴
轴向窜动检测

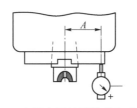

图 3-3-6　主轴支承轴颈的端部跳动检测

2）检测过程

手动或点动缓慢旋转主轴 1~2 圈，观察千分表指针读数，计算其最大读数差即轴颈支承面的跳动误差。

3）误差计算与判断

立式加工中心主轴支承轴颈端部跳动允差为：

（1）精密级机床：0.010 mm。

（2）普通级机床：0.016 mm。

子任务 3 立式加工中心主轴端部轴向跳动检测

1）安装仪器工具

主轴端部跳动检测如图 3-3-7 所示。

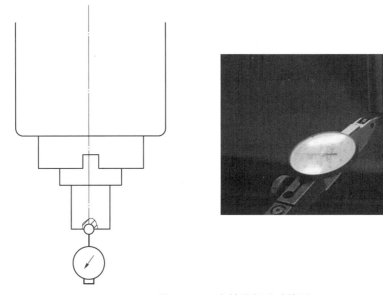

图 3-3-7 主轴端部跳动检测

方法一：磁性表座吸附在工作台上；专用短锥检验棒插入主轴锥孔，钢球黏附在检验棒的中心孔内，千分表触头垂直触及钢球。

方法二：磁性表座吸附在工作台上；BT 芯棒插入主轴锥孔，杠杆千分表触头垂直触及检验棒端部。

2）检测过程

（1）检测：缓慢旋转主轴 1 圈以上，读出指示器读数的最大值 a_{11} 和最小值 a_{12}，计算最大差值并记录 $a_1 = a_{11} - a_{12}$。

（2）误差计算：指示器读数的最大代数差值 a_1 就是主轴定心轴颈的端部跳动误差。

3）端部跳动（轴向窜动）允差

①精密级机床：0.005 mm。

②普通级机床：0.008 mm。

子任务4 立式加工中心主轴锥孔轴线的径向跳动检测

1）安装仪器工具

立式加工中心主轴锥孔轴线的径向跳动检测示意图如图 3-3-8 所示。

立式加工中心主轴
径向跳动检测

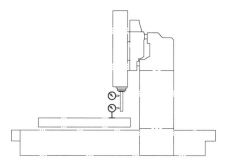

图 3-3-8 立式加工中心主轴锥孔轴线的径向跳动检测

a—主轴端部；b—距离轴端 300 mm 处

（1）将工作台、十字滑台移动到行程中间，将 BT40（或 BT50）检测芯棒装入主轴锥孔。

（2）将磁性表座固定在工作台上，千分表测头触及检验棒表面，（靠近主轴端部（a）或距轴端 300 mm 处（b）），并施加初始力。

2）检测过程

（1）缓慢旋转主轴 1 圈以上，读出指示器在转动中的读数最大值 a_{11} 和最小值 a_{12}；记录指示器读数的最大代数差值 $a_1 = a_{11} - a_{12}$。

（2）拔出检验棒，旋转 90°，重新插入主轴锥孔，用同样的方法再次检测 a_{21} 和最小值 a_{22}；记录指示器读数的最大代数差值 $a_2 = a_{21} - a_{22}$。

（3）用同样的方法再检测 2 次（共 4 次，每次检验棒转过 90°），记录 $a_3 = a_{31} - a_{32}$；$a_4 = a_{41} - a_{42}$。

（4）同理，可检测并记录距离主轴端 300 mm 处的 4 个数据 b_1、b_2、b_3、b_4。

3）立式加工中心主轴锥孔轴线径向跳动误差计算与判断

（1）靠近车床主轴端处：测得径向跳动误差为 $\sigma_a = \dfrac{a_1 + a_2 + a_3 + a_4}{4}$，其允差为：精密级机床为 0.005 mm，普通级机床为 0.007 mm。

（2）距离主轴端 300 mm 处：测得径向跳动误差为 $\sigma_b = \dfrac{b_1 + b_2 + b_3 + b_4}{4}$，其允差为：精密级机床为 0.010 mm，普通级机床为 0.015 mm。

（3）将计算值与允差值比较：若 $\sigma_a \leqslant [\sigma_a]$，且 $\sigma_b \leqslant [\sigma_b]$，则立式加工中心主轴锥孔轴线径向跳动误差不超差；否则超差。

子任务5 主轴轴线与 X 轴线的垂直度检测

1）安装仪器工具

（1）调整工作台、十字滑台至 X、Y 行程中间，将平尺平行于 X 轴线放在工作台面上的两个可调整垫块上。

（2）指示器安装在插入锥孔中的专用支架上，使其测头触及平尺的检验面，确认千分表的触头相对于主轴中心的旋转半径为 150 mm，如图 3-3-9 所示。

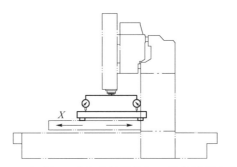

图 3-3-9　立式加工中心主轴轴线与 X 轴线的垂直度检测

2）检测过程

（1）校正：移动工作台并调整平尺，使指示器读数在平尺的两端相等。

（2）检测记录：手动缓慢旋转主轴 180°，分别记录其与平尺两边接触时的千分表读数 a_1 和 a_2。

3）立式加工中心主轴轴线和 X 轴线间的垂直度误差计算与判断

（1）误差为 $\sigma_a = |a_1 - a_2|$。

（2）其允差为 $[\sigma_a]$，精密级机床为 0.010 mm/300 mm，普通级机床为 0.016 mm/300 mm。

子任务 6　主轴轴线和 Y 轴线的垂直度检测

1）安装仪器工具

（1）调整工作台、十字滑台至 X、Y 行程中间，将平尺平行于 Y 轴线放在工作台面上的两个可调整垫块上。

（2）指示器安装在插入锥孔中的专用支架上，使其测头触及平尺的检验面，确认千分表的触头相对于主轴中心的旋转半径为 150 mm，如图 3-3-10 所示。

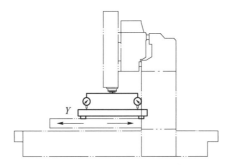

图 3-3-10　立式加工中心主轴轴线和 Y 轴线的垂直度检测

2）检测过程

（1）校正：移动工作台并调整平尺，使指示器读数在平尺的两端相等。

（2）检测记录：手动缓慢旋转主轴 180°，分别记录其与平尺两边接触时的千分表读数 b_1 和 b_2。

3) 立式加工中心主轴轴线和 Y 轴线间的垂直度误差计算与判断

(1) 误差为 $\sigma_b = |b_1 - b_2|$。

(2) 其允差为 $[\sigma_b]$，精密级机床为 0.010 mm/300 mm；普通级机床为 0.016 mm/300 mm。

（三）实施记录

1. 主轴径向跳动检测（表 3-3-1）

实训记录表 3-3-1　主轴径向跳动检测

检测部位：定心轴颈

序号	实训步骤	过程及实训记录值	实训记录照片
1	仪器工具安装		
2	检测过程		
3	数据记录	最大值： 最小值：	
4	计算与判断	误差值： 允差值：	

2. 主轴轴向跳动检测（表 3-3-2）

实训记录表 3-3-2　主轴轴向跳动检测

检测部位：支承轴颈

序号	实训步骤	过程及实训记录值	实训记录照片
1	仪器工具安装		
2	检测：读取指示仪最大读数和最小读数	过程： 数据：	
3	计算与判断	误差值： 允差值：	

3. 主轴轴向跳动检测（表 3-3-3）

实训记录表 3-3-3　主轴轴向跳动检测

检测部位：主轴端部

序号	实训步骤	过程及实训记录值	实训记录照片
1	仪器工具安装		
2	检测：读取指示仪最大读数和最小读数	过程： 数据：	

序号	实训步骤	过程及实训记录值	实训记录照片
3	计算与判断	误差值： 允差值：	

4. 主轴径向跳动检测

实训记录表 3-3-4　主轴径向跳动检测

检测部位：主轴锥孔轴线

序号	实训步骤	过程及实训记录值	实训记录照片
1	仪器工具安装		
2	检测过程		
3	数据记录	A：主轴端部 第一次：最大值　最小值 第二次：最大值　最小值 第三次：最大值　最小值 第四次：最大值　最小值 B：距主轴端 300 mm 处 第一次：最大值　最小值 第二次：最大值　最小值 第三次：最大值　最小值 第四次：最大值　最小值	
4	计算与判断	a—主轴端部： ①误差值： ②允差值： b—距主轴端 300 mm 处 ①误差值： ②允差值：	

5　主轴轴线与 X 轴线的垂直度检测

实训记录表 3-3-5　主轴轴线与 X 轴线的垂直度检测

检测部位：主轴轴线

序号	实训步骤	过程及实训记录值	实训记录照片
1	仪器工具安装		
2	检测过程		

序号	实训步骤	过程及实训记录值	实训记录照片
3	数据记录	$a_1 =$ $a_2 =$	
4	计算与判断	误差值： 允差值：	

6. 主轴轴线与 Y 轴线的垂直度检测

实训记录表 3-3-6　主轴轴线与 Y 轴线的垂直度检测

检测部位：主轴轴线

序号	实训步骤	过程及实训记录值	实训记录照片
1	仪器工具安装		
2	检测过程		
3	数据记录	$b_1 =$ $b_2 =$	
4	计算与判断	误差值： 允差值：	

◢ 检查与评估

1. 过程检查（表 3-3-7）

表 3-3-7　过程检查表

序号	检查项	自查	教师检查
1	5S 管理： A. 实训之前，是否按时到岗； B. 实训过程中，是否按要求拍照记录； C. 实训之后，是否打扫清洁，仪器设备是否按要求摆放； D. 实训之后，是否按时提交表格（电子版）		
2	规范性检查： A. 照片拍摄是否完整； B. 照片与文字是否对应		

2. 结果检查

1）目测检查（表3-3-8）

表3-3-8 目测检查表

序号	性能及目测		评估	
			学生自评	教师评价/互评
1	提交了表格	目测		
2	项目有对应照片			
3	是否有记录及计算过程			
目测结果				
评价成绩			N_1: N_2:	N_3:

不合格原因分析，如何改进？

_____

_____

_____

_____

_____

_____

_____

_____

_____

_____

_____

_____

_____

2）内容检测（表3-3-9）

表3-3-9 内容检测表

序号	检测项	检测记录	
		学生	教师
1	检测步骤是否完整		
2	数据记录是否完整		
检测结果			
评价成绩		M_1: M_2:	

不合格原因分析，如何改进？

_____

_____

_____

_____

_____

_____

_____

_____

_____

_____

_____

_____

_____

3. 结果评估与分析

1）综合评价（表3-3-10）

主观得分：$X_{1,1} = \dfrac{提交表格数}{评估点数} \times 系数 = \dfrac{N_1}{6} \times 1 =$

$X_{1,2} = \dfrac{对应相片}{评估点数} \times 系数 = \dfrac{N_2}{36} \times 2 =$

$X_{1,3} = \dfrac{数据记录}{评估点数} \times 系数 = \dfrac{N_3}{30} \times 2 =$

客观得分：$X_{2,1} = \dfrac{检测步骤}{评估点数} \times 系数 = \dfrac{M_1}{6} \times 3 =$

$X_{2,2} = \dfrac{记录数据}{评估点数} \times 系数 = \dfrac{M_2}{30} \times 2 =$

表3-3-10　综合评价表

项目	结果
主观得分 $X_1 = X_{1,1} + X_{1,2} + X_{1,3}$	
客观得分 $X_2 = X_{2,1} + X_{2,2}$	
百分制得分实际得分（主观分+客观分）	

学生签名：_____　教师签名：_____　日期：_____

2）总结分析

（横线留白）

思考与扩展

一、填空题

1. 立式加工中心主轴轴向跳动有两项，检测部位分别是_____和_____。

2. 立式加工中心主轴锥孔轴线径向跳动所用的检验棒是_____锥度检验芯棒，检验棒有效长度一般为_____ mm。

二、单项选择题

1. 主轴轴线与 X 轴线间垂直度检测时，千分表触头到主轴轴线回转半径应该约为（　　）。

A. 100 mm　　　　B. 150 mm　　　　C. 200 mm　　　　D. 300 mm

2. 主轴锥孔轴线径向跳动检测时，需检测几个部位？每个部位检测几次？（　　）

A. 1，1　　　　B. 1，2　　　　C. 2，4　　　　D. 1，4

三、多项选择题

1. 主轴锥孔轴线径向跳动检测时，需要把检验棒转过 90°，反复检测 4 次求平均值，目的是（　　）。

A. 消除检验棒的制造误差影响　　　　B. 消除检验棒安装误差影响

2. 立式加工中心主轴轴向跳动误差检测部位有（　　）。

A. 主轴端面　　　B. 主轴支承轴颈　　　C. 主轴定心轴颈　　　D. 主轴锥孔

任务四
数控机床
位置精度检测

任务 4-1 激光干涉仪位置检测

任务描述

数控机床在加工零件时，数控系统发出脉冲指令，机床进给系统沿着坐标轴移动一定的距离，由于经过了一系列传动链，所以实际位移与数控指令信号指定的位移有所偏差。位移误差必然造成零件加工误差，进而影响零件的加工质量，因此在数控机床出厂之前，必须对数控加工的位移误差即数控机床位置精度进行检测。激光干涉仪是用于位置精度检测的精密仪器，可以用来检测定位误差、重复定位误差、原点复归精度等。本任务要求了解激光干涉仪的组成及其测距原理，能够正确安装使用激光干涉仪并合理采集误差数据，完成如图 4-1-1 加工中心的直线坐标轴位移检测。

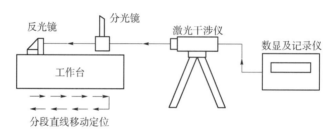

图 4-1-1　激光干涉仪检测距离

任务目标

（1）了解激光干涉仪测距原理。
（2）能够正确安装激光干涉仪各组件。
（3）能够利用激光干涉仪检测加工中心 Y 坐标轴位移。
（4）培养锻炼本领、以技报国的爱国主义精神。

知 识链接

（一）光的干涉测距原理

1. 干涉条纹

两列或两列以上的波在空间中重叠时发生叠加从而形成新波形的现象称为干涉。例如采用光学分束器将一束来自单色点光源的光分成两束后，再让它们在空间中的某个区域内重叠，将会发现在重叠区域内的光强并不是均匀分布的：其明暗程度随其在空间中位置的不同而变化，最亮的地方超过了原先两束光的光强之和，而最暗的地方光强有可能为零，这种光强的重新分布被称作"干涉条纹"，如图 4-1-2 所示。

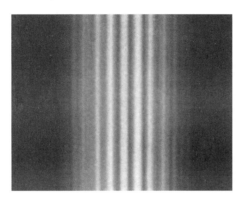

图 4-1-2　干涉条纹

2. 干涉技术测距机理

把两束相干光波形合并相干（或引起相互干涉），其合成结果为两个波形的相位差，用该相位差来确定两个光波的光路差值的变化。

两个相干光波在相同相位时，即两个相干光束波峰重叠，其合成结果为相长干涉，其输出波的幅值等于两个输入波幅值之和；当两个相干光波在相反相位时，即一个输入波波峰与另一个输入波波谷重叠时，其合成结果为相消干涉，其幅值为两个输入波幅值之差。

因此，若两个相干波形的相位差随着其光程长度之差逐渐变化而相应变化时，那么合成干涉波形的强度会相应周期性变化，即产生一系列明暗相间的条纹，激光器内的检波器，根据记录的条纹数来测量长度，其长度为条纹数乘半波长。

$$l = \frac{1}{2}n\lambda$$

（二）激光干涉仪

1. 激光干涉仪组成

激光干涉仪是利用干涉测量法的原理，以激光波长作为标准，对数控设备（数控车床、加工中心、三坐标测量机等）的位置精度、几何精度进行精密测量的测量仪器，由激光发射器、脚架、镜组、补偿单元以及数据采集装置组成，如图 4-1-3 所示。

（1）激光发射器（Laser Transmitter）：激光干涉仪一般采用的是双频氦氖激光器，其名义波长为 0.633 μm，其长期波长稳定性高于 0.1×10^{-6}。

（2）镜组：由干涉镜组和反射镜组组成，干涉镜也称为偏振分光镜，反射镜也称为测量镜。

（3）补偿单元：由气压补偿元件和温度补偿元件组成，用于校正气压和温度变化引起的观测误差。

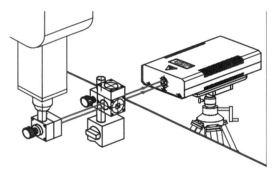

图 4-1-3　激光干涉仪组成

（4）数据采集装置：含信号采集与转换电路，数据处理软件与显示装置。

2. 激光干涉仪测距原理

用于检测数控机床位置精度的激光干涉仪一般采用外差式双频激光干涉仪，其测距原理如图 4-1-4 所示。

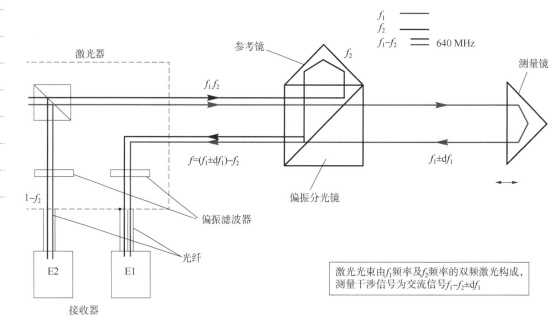

图 4-1-4　外差式双频激光干涉仪测距原理

检测时，干涉镜组和反射镜组分别置于机床的不同部件上，一般固定干涉镜位置不动，而把反射镜置于机床的移动部件上，机床每移动一段距离，干涉镜和反射镜之间的距离就发生变化，激光接收器接收到的两束激光转换为相应的电信号并经过计算机软件处理即可得出移动距离的数值，如图 4-1-5 所示。

图 4-1-6 和图 4-1-7 分别为加工中心（数控铣床）位置精度检测示意图和数控车床位置精度检测示意图。

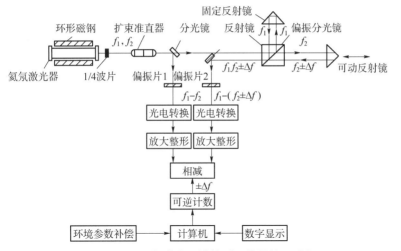

图 4-1-5　双频激光干涉仪测距信号处理过程

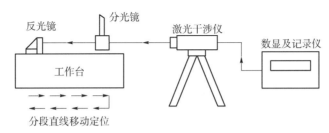

图 4-1-6　加工中心位置精度检测示意图

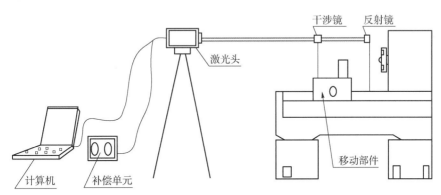

图 4-1-7　数控车床位置精度检测示意图

任务实施

（一）准备工作

1. 实训场所及仪器设备

（1）实训场所：数控实训车间或企业现场。

（2）实训设备：数控车床、立式加工中心或立式数控铣床等。

（3）实训仪器、工具：LJ-6000 激光干涉仪或雷尼绍激光干涉仪。

2. 其他

记录纸笔、拍照设备、教材。

激光干涉仪
距离检测

（二）实施步骤

子任务 1 激光干涉仪的安装与校准

1）安装仪器工具

如图 4-1-8 所示，以检测立式加工中心 Y 轴方向为例。

图 4-1-8 激光干涉仪的使用

（1）安装激光发射器：移动工作台到 X 行程中间位置；放置三脚架在机床外与工作台中间对齐，装上激光发射器；调整三脚架使激光发射器处于水平位置，干涉仪光线平行于检测坐标方向。

（2）安装镜组：把磁性座用连接杆安装在机床固定部件（主轴端部）上，装上干涉镜组（注意安装方向），调整激光光线通过干涉镜的光孔。把反射镜组用连接杆和磁性座固定在机床活动部件（工作台）最远端上（注意安装方向），调整镜头中心高度与光线平齐。

（3）安装补偿元件：将温度补偿元件、气压补偿元件等安装在机床工作台或床身上。

（4）连接数据采集装置：通过数据线将激光干涉仪的数据采集口与计算机相连。

2）光线校准

（1）沿 Y 轴方向移动工作台使反射镜与干涉镜靠近。

①找止反射光：调整反射镜位置，使激光对齐反射镜中心，并使反射光返回到激光头接收位置。

②找正干涉光：调整干涉镜位置，使激光穿过干涉镜，并使折射后的干涉光返回到激光头接收位置。

（2）沿 Y 轴方向移动工作台使反射镜与干涉镜远离。

再次找正干涉光：调整干涉镜位置，使激光穿过干涉镜，并使折射后的干涉光返回到激光头接收位置。

（3）沿 Y 轴分阶段移动工作台使其处于不同位置。

反复找正干涉光：方法同前。

子任务2 距离检测与数据处理

1）检测过程

（1）设置测量参数：打开计算机的数据采集软件，进入测量软件界面，设置测量等间距。

（2）数据采集：运行事先编好的数控程序或软件自动生成的数控程序，分段移动工作台，每移动一段距离，均进行采集。

2）数据分析与处理

根据误差处理公式分别计算各个位置的误差、平均误差、标准偏差等数据，绘制出定位精度曲线，计算出定位精度或其他位置精度。

激光干涉仪使用注意事项：

①需要有数分钟预热时间。

②使用过程中，避免激光照射眼睛。

（三）实施记录

1. 激光干涉仪安装与校准（表4-1-1）

实训记录表4-1-1 激光干涉仪安装与校准

序号	实训步骤	过程描述	实训记录照片
1	激光发射器安装		
2	镜组安装		
3	补偿元件安装，数据线连接		
4	反射镜校准		
5	干涉镜粗校准 干涉镜精校准		

2. 距离检测与数据处理（表4-1-2和表4-1-3）

实训记录表4-1-2 距离检测与数据处理（正向检测）

序号	理论距离	检测值	误差	平均误差
1				
2				
3				
4				
5				
6				
7				
8				
9				
10				

实训记录表 4-1-3 距离检测与数据处理（反向检测）

序号	理论距离	检测值	误差	平均误差
1				
2				
3				
4				
5				
6				
7				
8				
9				
10				

◢ 检查与评估

1. 过程检查（表 4-1-4）

表 4-1-4 过程检查表

序号	检查项	自查	教师检查
1	5S 管理： A. 实训之前，是否按时到岗； B. 实训过程中，是否按要求拍照记录； C. 实训之后，是否打扫清洁，仪器设备是否按要求摆放； D. 实训之后，是否按时提交表格（电子版）		
2	规范性检查： A. 照片拍摄是否完整； B. 照片与文字是否对应		

2. 结果检查

1）目测检查（表 4-1-5）

表 4-1-5 目测检查表

序号	性能及目测		评估	
			学生自评	教师评价/互评
1	提交了表格	目测		
2	项目有对应照片			
3	是否有记录及计算过程			
目测结果				
评价成绩			N_1： N_2：	N_3：

不合格原因分析，如何改进？

_____

_____

_____

_____

_____

_____

_____

_____

_____

_____

2）内容检测（表4-1-6）

表4-1-6　内容检测表

序号	检测项	检测记录	
		学生	教师
1	检测步骤是否完整		
2	数据记录是否完整		
	检测结果		
	评价成绩	M_1: 　　M_2:	

不合格原因分析，如何改进？

_____

_____

_____

_____

_____

_____

_____

_____

_____

_____

_____

3. 结果评估与分析

1) 综合评价（表4-1-7）

主观得分：$X_{1,1} = \dfrac{\text{提交表格数}}{\text{评估点数}} \times \text{系数} = \dfrac{N_1}{3} \times 1 =$

$X_{1,2} = \dfrac{\text{对应相片}}{\text{评估点数}} \times \text{系数} = \dfrac{N_2}{30} \times 2 =$

$X_{1,3} = \dfrac{\text{数据记录}}{\text{评估点数}} \times \text{系数} = \dfrac{N_3}{20} \times 2 =$

客观得分：$X_{2,1} = \dfrac{\text{检测步骤}}{\text{评估点数}} \times \text{系数} = \dfrac{M_1}{12} \times 3 =$

$X_{2,2} = \dfrac{\text{记录数据}}{\text{评估点数}} \times \text{系数} = \dfrac{M_2}{30} \times 2 =$

表4-1-7 综合评价表

项目	结果
主观得分 $X_1 = X_{1,1} + X_{1,2} + X_{1,3}$	
客观得分 $X_2 = X_{2,1} + X_{2,2}$	
百分制得分实际得分（主观分+客观分）	

学生签名：＿＿＿＿＿＿＿＿　　教师签名：＿＿＿＿＿＿＿＿　　日期：＿＿＿＿＿＿＿＿

2) 总结分析

_____

_____

_____

_____

_____

_____

_____

_____

_____

_____

_____

_____

_____

思考与扩展

一、填空题

1. 实训用的激光干涉仪型号为_____，生产厂家是_____。

2. 激光测距计算公式中 $L = \dfrac{n}{2}\lambda$，λ 表示激光的_____，常用双频激光干涉仪的 λ 一般为_____。

二、单项选择题

进行数控机床位置精度检测时，每次一定距离间隔一般为（　　　）。

A. 100 mm

B. 50 mm

C. 200 mm

D. 丝杠螺距的整数倍

任务 4-2　直线坐标位置精度检测

任务描述

由于仪器精度误差、观测者技术水平，以及温度、压力和大气折光环境影响等多方面的原因，观测数据与真实数据必然存在偏差，这些偏差必须经过一定的数据处理，才有可能尽量地被消除。由于信号传递、安装调整等原因，数控机床沿着坐标轴移动时，实际位移与理想位移也必然存在误差，因此在数控机床出厂之前，必须对数控加工的位移误差即数控机床的定位误差、重复定位误差、原点复归精度等进行检测。本任务要求了解误差成因及其分类，能够正确处理各类误差，通过采集数据绘制出如图 4-2-1 所示的定位精度曲线，并计算出机床的定位误差、重复定位误差、原点复归误差等数据，并根据国家标准或行业企业标准判断其是否符合满足位置精度要求。

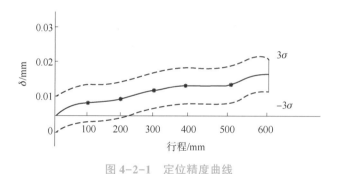

图 4-2-1　定位精度曲线

任务目标

（1）了解误差类型及其处理方法。
（2）了解数控机床直线坐标位置精度检测项目及其要求。
（3）能够利用激光干涉仪检测数控机床直线坐标的各项位置精度。
（4）培养追求质量、注重精度的工匠精神。

知 识链接

（一）测量误差

1. 测量误差来源

测量实践中发现，测量结果不可避免地存在误差，例如，对同一对象进行多次测量，每一次的测量结果可能不同；测量值不等同于真实值。

测量误差产生的原因主要包括以下方面：测量仪器；外界环境；观测者的技术水平。

2. 误差分类

根据误差产生的原因不同，测量误差可以分为三类。

（1）系统误差：在相同观测条件下，对某量进行多次观测，如果误差出现的符号和大小均相同或者误差按一定的规律变化，这种误差称为系统误差。

（2）偶然误差：在相同观测条件下，对某量进行多次观测，如果误差出现的符号和大小均不一定，这种误差称为偶然误差，又称为随机误差。

（3）粗大误差：在相同观测条件下，如果某次观测误差出现的符号和大小出现明显的偏离，这种误差称为粗大误差，简称粗差。

（二）误差处理

1. 系统误差的数据处理

系统误差一般由外界环境如气温、气压、折光等或测量仪器本身的精度不足或缺陷以及测量方法不恰当引起。系统误差具有累积性，对测量结果影响较大，必须进行消除和削弱。

消除系统误差的主要方法有：

①校正测量仪器。

②观测值加改正数。

③采用一定的观测方法加以抵消或削弱。

2. 偶然误差的数据处理

偶然误差主要由外界因素变化以及观测者的技术水平高低引起。单次观测的偶然误差符号和量值均无法预测，只能通过改善观测条件加以控制。

大批量观测出现的偶然误差，其大小和符号出现的概率一般符合正态分布规律，可以通过数据处理进行纠正。

偶然误差具有有界性、密集性、对称性和抵偿性等特性。当观测数据量为无穷数时，其平均误差趋近于 0，即 $\lim\limits_{n \to \infty} \dfrac{[\Delta]}{n} = 0$。

3. 粗大误差的数据处理

粗大误差一般是由外界环境的突然变化或者观测者的操作失误以及观测错误引起的，其误差值明显偏离正常数值，一般对这种数据可以直接舍弃。

（三）测量误差的精度评定

1. 已知真值的误差计算

1）单次观测误差计算

（1）真值 X：观测量的真实值（理想值）。

（2）真误差 Δ：单次观测的测量值 l_i 与真值 X 之差，$\Delta_i = l_i - X$。

2）多次观测的误差计算

（1）方差：在同精度观测条件下，对某量进行了 n 次观测，得观测值为 l_1，l_2，$\cdots$，l_n，其真误差为 Δ_1，Δ_2，$\cdots$，Δ_n，则这组观测值的衡量精度为方差：$D = \dfrac{[\Delta\Delta]}{n}$，其中，$[\Delta\Delta] = \Delta_1^2 + \Delta_2^2 + \Delta_3^2 + \cdots + \Delta_n^2$。

（2）均方差（中误差）：当观测次数 n 有限时，用均方差来衡量精度 $m = \pm\sqrt{\dfrac{[\Delta\Delta]}{n}}$（费列罗公式）。

（3）标准偏差：当观测次数 n 趋近于无限时，用标准偏差来衡量精度 $\sigma = \lim\limits_{n\to\infty}\sqrt{\dfrac{1}{n}\sum\limits_{i=1}^{n}(l_i - X)^2}$（费列罗公式）。

2. 未知真值的误差计算

若真值未知，则以最或然值（算术平均值）代替真值，改正数代替真误差。

（1）算术平均值（最或然值）：多次观测值之和除以观测次数，$L = \dfrac{[l_i]}{n}$。

（2）残差（改正数）：观测值与算术平均值之差，$v_i = l_i - L$。

（3）均方差：当观测次数 n 有限时，用均方差来衡量精度。均方差公式为 $m = \pm\sqrt{\dfrac{[vv]}{n-1}}$（贝塞尔公式）。

（4）取样标准偏差：当观测次数 n 趋近于无限时，用贝塞尔公式求取样标准偏差 $S = \lim\limits_{n\to\infty}\sqrt{\dfrac{1}{n-1}\sum\limits_{i=1}^{n}(l_i - L)^2}$。

3. 容许偏差

1）有限次观测偶然误差概率分布图（直方图）

偶然误差数值的大小与出现的概率可以用误差分布直方图来表示，如图 4-2-2 所示。图中横坐标为误差值区间的大小，纵坐标为各区间出现的误差次数 n，总的观测次数为 N。

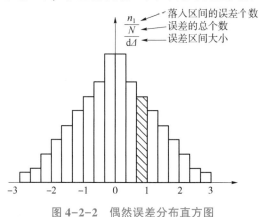

图 4-2-2　偶然误差分布直方图

2）无限次观测偶然误差概率分布图（正态分布曲线）

当观测次数为无穷数时，则其误差分布函数为 $f(\Delta) = \dfrac{1}{\sqrt{2\pi}\,\sigma}\mathrm{e}^{-\frac{\Delta^2}{2\sigma^2}}$，如图 4-2-3 所示的误差正态分布曲线。

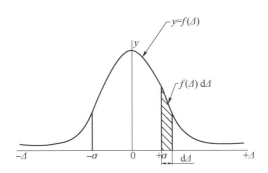

图 4-2-3　偶然误差正态分布曲线图

图中横坐标为误差值区间的大小，纵坐标为各区间误差的出现频率，总的观测次数为无限大。

图 4-2-3 中，σ 为标准偏差，分别将 $\Delta = \pm\sigma$，$\Delta = \pm2\sigma$，$\Delta = \pm3\sigma$ 代入误差分布函数，可得

$$\int_{-\sigma}^{+\sigma} f(\Delta)\,\mathrm{d}\Delta = 0.683$$

$$\int_{-2\sigma}^{+2\sigma} f(\Delta)\,\mathrm{d}\Delta = 0.955$$

$$\int_{-3\sigma}^{+3\sigma} f(\Delta)\,\mathrm{d}\Delta = 0.997$$

即偶然误差出现在 $(-\sigma, +\sigma)$ 范围内的概率为 68.3%，出现在 $(-2\sigma, +2\sigma)$ 范围内的概率为 95.5%，出现在 $(-3\sigma, +3\sigma)$ 范围内的概率为 99.7%。

3）容许偏差

由偶然误差的特性可知，在一定的观测条件下，偶然误差的绝对值不会超过一定的限值，这个限值就是容许误差（极限误差）。

测量中，一般取标准偏差的 2 倍或 3 倍作为容许误差，即 $\Delta_{容} = 2\sigma$ 或 3σ。

（四）数控机床直线坐标位置精度检测

数控机床直线坐标位置精度检测主要包括以下项目：定位精度 A、重复定位精度 R、反向间隙 B、原点复归精度等，有些机床还要检测定位系统偏差 E。

1）定位精度

定位精度指零件或刀具的实际位置与标准位置（理论位置、理想位置）之间的差距，差距越小，说明精度越高。它是零件加工精度得以保证的前提。

2）重复定位精度

重复定位精度是反映轴运动稳定性的一个基本指标。机床运动精度的稳定性决定着加工

零件质量的稳定性和误差的一致性。

3）反向间隙（失动量）

坐标轴直线运动的失动量，又称直线运动反向差，是该轴进给传动链上的驱动元件反向死区，以及各机械传动副的反向间隙和弹性变形等误差的综合反映。这个误差越大，定位精度和重复定位精度就越低。

一般情况下，失动量是由于进给传动链刚性不足，滚珠丝杠预紧力不够，导轨副过紧或松动等原因造成的。要根本解决这个问题，只有修理和调整有关元部件。数控系统都有失动量补偿的功能（一般称反向间隙补偿），最大能补偿 0.20～0.30 mm 的失动量，但这种补偿要在全行程区域内失动量均匀的情况下才能取得较好的效果。就一台数控机床的各个坐标轴而言，软件补偿值越大，表明该坐标轴上影响定位误差的随机因素越多，则该机床的综合定位精度不会太高。

4）原点复归精度

数控机床每个坐标轴都要有精确的定位起点，此点即坐标轴的原点或参考点。

为提高原点返回精度，各种数控机床对坐标轴原点复归采取了一系列措施，如降速、参考点偏移量补偿等。同时，每次关机之后，重新开机的原点位置精度要求一致。因此，坐标原点的位置精度必然比行程中其他定位点精度要高。

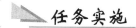 **任务实施**

（一）准备工作

1. 实训场所及仪器设备

（1）实训场所：数控实训车间或企业现场。

（2）实训设备：数控车床、立式加工中心或立式数控铣床等。

（3）实训仪器、工具：LJ-6000 激光干涉仪或雷尼绍激光干涉仪。

2. 其他

记录纸笔、拍照设备、教材。

（二）实施步骤

子任务 1 直线坐标定位精度检测

1）检测要求

（1）检测时，机床空载运行。

（2）沿着直线坐标全行程进行检测，正反向快速定位。

（3）检测点位要求均匀，点位间隔一般为 20 mm、50 mm、100 mm，或者丝杠螺距的整数倍。

（4）每个点位至少检测 5 次；对于<2 000 mm 行程的直线坐标，每 1 000 mm 行程至少选取 5 个观测点位。

2）数据记录与处理

（1）点位观测数据记录与观测误差的计算。

定位精度检测的检测顺序如图 4-2-4 所示，其中 j 代表点位编号，i 代表观测次数，P_{ij} 表示第 j 个点位第 i 次观测的记录值，P_j 表示第 j 个点位的真实值。

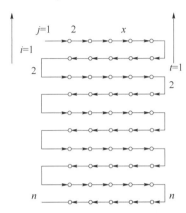

图 4-2-4　直线坐标定位精度检测顺序

若真值未知，则第 j 个点位 n 次双向观测的平均值（最或然值）为 $\overline{P_j} = \dfrac{(\sum\limits_{i=1}^{n} P_{ij}\uparrow + \sum\limits_{i=1}^{n} P_{ij}\downarrow)}{2n}$。

则第 j 个点位第 i 次观测的误差值为 $X_{ij} = P_{ij} - P_j$ 或 $X_{ij} = P_{ij} - \overline{P_j}$；

第 j 个点位 n 次正向观测的平均误差为 $\overline{x_j}\uparrow = \dfrac{1}{n}\sum\limits_{i=1}^{n} X_{ij}\uparrow$；

第 j 个点位 n 次反向观测的平均误差为 $\overline{x_j}\downarrow = \dfrac{1}{n}\sum\limits_{i=1}^{n} X_{ij}\downarrow$；

第 j 个点位 n 次双向观测的平均误差为 $\overline{x_j} = \dfrac{1}{2}(\overline{x_j}\uparrow + \overline{x_j}\downarrow)$。

（2）标准偏差或取样标准偏差的计算。

第 j 个点位 n 次双向观测的标准偏差为 $\sigma_j = \pm\sqrt{\dfrac{(\overline{x_j})^2}{n}}$；

第 j 个点位 n 次双向观测的取样标准偏差为 $S_j = \pm\sqrt{\dfrac{(\overline{x_j})^2}{n-1}}$。

（3）直线坐标定位精度的计算。

依次求出每个点位的 σ_j 或 S_j，并绘制出 $+3\sigma$ 和 -3σ 散差带，组成如图 4-2-5 所示定位精度曲线。

则定位精度为：$A = (\overline{x_j} + 3\sigma_j)_{\max} - (\overline{x_j} - 3\sigma_j)_{\min}$；或 $A = (\overline{x_j} + 3S_j)_{\max} - (\overline{x_j} - 3S_j)_{\min}$。

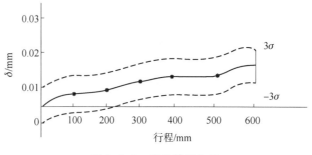

图 4-2-5　定位精度曲线

（4）定位精度允差。

不同厂家不同型号的数控机床，其定位精度要求有所不同，如表 4-2-1 所示为 HTM-850G 龙门加工中心的检测要求。

表 4-2-1　HTM-850G 龙门加工中心的检测要求

坐标行程/mm	定位精度允差/mm	重复定位精度允差/mm
500~800	0.020	0.010
800~1 250	0.032	0.012
1 250~2 000	0.043	0.013

3）检测方法与子任务

检测仪器为激光干涉仪，检测方法与过程参见上一节激光干涉仪的应用。每个坐标轴方向都要进行检测。

子任务 2　直线坐标重复定位精度检测

1）检测要求

（1）检测时，机床空载运行。

（2）沿着直线坐标两端和中间选取 3 个测点，正反向快速定位。

（3）每个点位至少观测 5 次以上。

2）数据记录与处理

记录及处理过程与定位精度检测方法一样。

3）直线坐标重复定位精度计算

$R = 6S_{j\max}$，$B = B_{j\max}$

4）重复定位精度允差

不同厂家不同型号的数控机床，其重复定位精度要求有所不同，如表 4-2-1 所示为 HTM-850G 龙门加工中心检测要求。

子任务 3　直线坐标其他位置精度检测

1）直线坐标反向间隙（失动量）精度检测

（1）检测方法：测量方法与直线运动重复定位精度的测量方法相似。

（2）计算方法：以第 j 个点为例，如正向检测时第 j 个点位 n 次正向观测的平均误差为 $\overline{x_j}\uparrow$，第 j 个点位 n 次反向观测的平均误差为 $\overline{x_j}\downarrow$，则 j 点的反向偏差为：$B_j=(\overline{x_j}\uparrow-\overline{x_j}\downarrow)$。机床直线坐标的反向偏差为 $B=B_{j\max}$，式中 $j=1，2，\cdots，n$。

2）直线坐标原点复归精度检测

对每个直线运动轴，从 7 个不同位置进行原点复归，测量出其停止位置的数值，以测定值与理论值的最大差值为原点复归精度。

3）直线坐标定位系统偏差计算

（1）单向定位系统偏差：$E\uparrow=(\overline{x_j}\uparrow)_{\max}-(\overline{x_j}\uparrow)_{\min}$，$E\downarrow=(\overline{x_j}\downarrow)_{\max}-(\overline{x_j}\downarrow)_{\min}$。

（2）双向定位系统偏差：$E=(\overline{x_j}\uparrow,\overline{x_j}\downarrow)_{\max}-(\overline{x_j}\uparrow,\overline{x_j}\downarrow)_{\min}$。

（三）实施记录

1. 直线坐标定位精度检测（表 4-2-2）

实训记录表 4-2-2　直线坐标定位精度检测

点号	正向数据记录	反向数据记录	误差计算
1			
2			
3			
4			
5			

2. 直线坐标重复定位精度检测（表 4-2-3）

实训记录表 4-2-3　直线坐标重复定位精度检测

序号	理论值	检测值	误差	平均误差
1				
2				
3				
4				
5				
6				
7				
8				
9				
10				

3. 直线坐标反向间隙精度检测（表4-2-4）

实训记录表4-2-4　直线坐标反向间隙精度检测

点号	正向观测平均误差	反向观测平均误差	点位反向间隙	机床反向间隙
1				
1				
3				
4				
5				
6				
7				
8				
9				
10				

检查与评估

1. 过程检查（表4-2-5）

表4-2-5　过程检查表

序号	检查项	自查	教师检查
1	5S管理： A. 实训之前，是否按时到岗； B. 实训过程中，是否按要求拍照记录； C. 实训之后，是否打扫清洁，仪器设备是否按要求摆放； D. 实训之后，是否按时提交表格（电子版）		
2	规范性检查： A. 照片拍摄是否完整； B. 照片与文字是否对应		

2. 结果检查

1）目测检查（表4-2-6）

表4-2-6　目测检查表

序号	性能及目测		评估	
			学生自评	教师评价/互评
1	提交了表格	目测		
2	项目有对应照片			
3	是否有记录及计算过程			
目测结果				
评价成绩			N_1： N_2：	N_3：

不合格原因分析，如何改进？

2）内容检测（表 4-2-7）

表 4-2-7　内容检测表

序号	检测项	检测记录	
		学生	教师
1	检测步骤是否完整		
2	数据记录是否完整		
	检测结果		
	评价成绩	M_1:	M_2:

不合格原因分析，如何改进？

3. 结果评估与分析

1）X 轴坐标检测评估（表4-2-8）

表4-2-8　X 轴坐标检测评估表

检测项目	检测结果	允许误差	判断
定位精度			
重复定位精度			
反向间隙			
原点复归精度			

2）Y 轴坐标检测评估（表4-2-9）

表4-2-9　Y 轴坐标检测评估表

检测项目	检测结果	允许误差	判断
定位精度			
重复定位精度			
反向间隙			
原点复归精度			

3）Z 轴坐标检测评估（表4-2-10）

表4-2-10　Z 轴坐标检测评估表

检测项目	检测结果	允许误差	判断
定位精度			
重复定位精度			
反向间隙			
原点复归精度			

学生签名：_____　　教师签名：_____　　日期：_____

4）总结分析

_____

_____

_____

_____

_____

_____

思考与扩展

一、填空题

1. 数控机床直线坐标位置精度检测主要包括_____、_____、_____和_____。

2. 每个点位至少检测_____次以上；对于<2 000 mm行程的直线坐标，每1 000 mm行程至少选取_____个观测点位。

二、单项选择题

1. 进行数控机床位置精度检测时，每次一定距离间隔一般为（   ）。

A. 100 mm   B. 50 mm   C. 200 mm   D. 丝杠螺距的整数倍

2. 进行原点复归精度检测，一般至少需要检测几次？（   ）

A. 3   B. 5   C. 7   D. 10 次以上

三、简答题

1. 定位精度检测时，为什么要以$\pm 3\sigma$作为定位精度曲线散差带的界限？

2. 如果定位误差较大，会对机床造成什么影响？

任务五
数控机床
切削精度检测

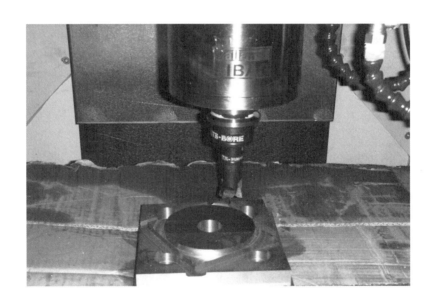

任务 5-1　卧式数控车床切削精度检测

任务描述

数控车床加工表面主要为内外圆柱（圆锥）面、轴端面、旋转曲面以及螺纹等，其切削精度检测项目主要有形状检测和尺寸检测两类，形状检测包括圆柱或圆锥表面的圆度、圆柱度以及车削端面的平面度，尺寸检测包括直径的一致性、球半径差、螺距误差及累积误差。检测试件有外圆车削试件、端面车削试件、螺纹车削试件、综合车削试件和圆球车削试件。本任务要求根据卧式数控车床国家检测标准，选择合适的检测仪器工具，完成如图 5-1-1 所示轴零件的切削精度检测。

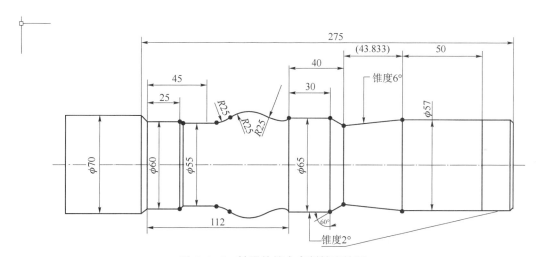

图 5-1-1　轴零件综合车削精度检测

任务目标

（1）利用待检测数控车床切削图 5-1-1 所示轴零件。

（2）选择合适的检测工具检测零件的圆度、平面度等形状误差。

（3）选择合适的检测工具检测零件的直径、螺距等尺寸误差。

（4）培养质量第一、精度优先的工匠精神。

知 识链接

（一）轴类车削常见试件

1. 外圆车削试件

外圆车削试件形状如图 5-1-2 所示，试件材料为 45 钢，车刀为 YW3 涂层刀具。

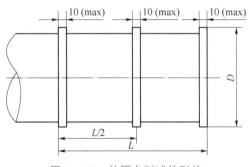

图 5-1-2　外圆车削试件形状

试件尺寸：试件长度 L 取车床最大车削直径的 1/2 或最大车削行程的 2/3，范围 1：$L\leqslant$ 250 mm；范围 2：$L\leqslant500$ mm。试件直径 $D\geqslant0.3L$。环带宽度不超过 10 mm。

2. 端面车削试件

端面车削试件形状如图 5-1-3 所示，试件材料为灰铸铁，车刀为 YW3 涂层刀具。

试件直径 $D\geqslant0.5D_0$，D_0 为车床最大加工直径。

3. 螺纹车削试件

螺纹车削试件形状如图 5-1-4 所示，试件直径 $d\approx d_{Z轴丝杠}$，螺纹有效长度 $L\geqslant2d$，$L\geqslant$ 75 mm，一般取 $L=80$ mm，试件螺纹的螺距不超过 Z 轴丝杠螺距的一半。

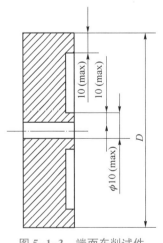

图 5-1-3　端面车削试件

图 5-1-4　螺纹车削试件

4. 球面车削试件

试件及刀具如图 5-1-5 所示，试件的材料为铝合金，车刀前角为 0°，刀尖圆弧半径精度要求达到机床输入分辨率的 2 倍。

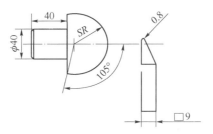

图 5-1-5　球面车削试件

5. 综合车削试件

试件由圆柱、圆锥、倒角、凹球面、凸球面等各段组成，其参考尺寸如图 5-1-6 所示。

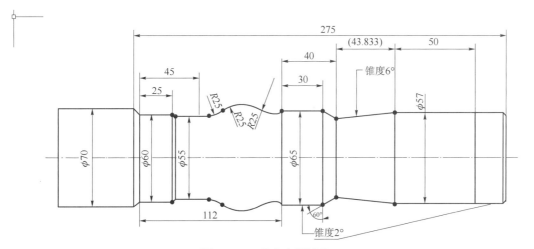

图 5-1-6　综合车削试件

（二）轴类车削检测项目及量具

1. 外圆车削

1）圆度

圆度误差是指在垂直于轴线的截面内实际轮廓形状与理想轮廓形状的偏差，其公差带形状为实际形状的内外包络同心圆之间的区域。

圆度误差检测工具为指示仪或圆度仪。

圆度测量仪（简称圆度仪）是一种检测零件回转表面（轴、孔或球面）圆度误差的精密仪器。通常有两种类型：小型台式，把工件装在回转的工作台上，测量头装在固定的立柱上，如图 5-1-7 所示；大型落地式，把工件装在固定的工作台上，测量头安装在回转的主轴上，如图 5-1-8 所示。测量时，测量头与工件表面接触，仪器的回转部分（工作台或主轴）旋转一周。因回转部分的支承轴承精度极高，故回转时测量头对被测表面将产生一高精度的圆轨迹。被测表面的不圆度使测量头发生偏移，转变为电（或气）信号，再经放大，可自动记录在圆形记录纸上，于是便可直接读出各部分的圆度误差，供评定精度与工艺分析之用。圆度仪广泛用于精密轴承、机床及仪器制造工业中。

图 5-1-7　工作台回转式圆度测量仪

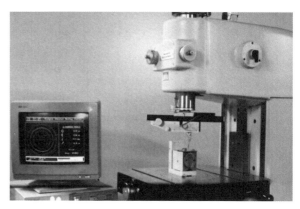

图 5-1-8　测量轴回转式圆度测量仪

2）直径一致性

直径一致性是指在车削圆柱时不同的圆柱段之间的直径差值，其检测工具为千分尺（又称螺旋测微器）。

2. 端面车削

检测项目为端面的平面度。平面度误差可用指示仪或刀口尺进行检测，也可以用专业平面度检测仪进行检测。

3. 螺纹车削

检测项目为螺距累积误差（Δp_{Σ}），即在规定的螺纹长度内，任意两同名牙侧与中径线交点间的实际轴向距离与其基本值之差的最大绝对值。单个螺距可以用螺纹规进行检测，螺距累积误差可以用卡尺进行检测，$\Delta p_{\Sigma} = L - n \cdot p$。

4. 球面车削

（1）圆柱段：检测项目为圆度和直径误差，检查方法与外圆车削相同。

（2）圆球段：检测项目为半径差和表面粗糙度。

半径尺寸可以利用 R 规进行检测，表面粗糙度可以利用表面粗糙度仪进行检测。

◤ **任务实施**

（一）准备工作

1. 实训场所及仪器设备

（1）实训场所：数控实训车间或企业现场。

（2）实训设备：卧式数控车床。

（3）实训仪器、工具：圆度测量仪、千分尺、半径规、表面粗糙度仪。

2. 其他

记录纸笔、拍照设备、教材。

（二）实施步骤

子任务1 轴段车削及检测

1）零件精车

精车夹持在标准工件夹具上的圆柱试件（图5-1-2）。单刃车刀安装在回转刀架的一个工位上。

检验零件的材料和刀具的型式及形状、进给量、切削深度、切削速度均由制造厂规定，但应该符合国家或行业标准的相关规定。

参考车削用量：车削速度 $v = 100 \sim 150$ m/min，背吃刀量 $a_p = 0.10 \sim 0.15$ mm，进给量 $f_r \leqslant 0.1$ mm/r。

2）切削精度检测

检测项目为圆度和切削加工直径的一致性。

允差要求：

（1）范围1：$L \leqslant 250$ mm。圆度允差为 0.003 mm，切削加工直径的一致性允差为 0.020 mm（300 mm 长度内）。

（2）范围2：$L \leqslant 500$ mm。圆度允差为 0.005 mm，切削加工直径的一致性允差为 0.030 mm（300 mm 长度内）。

子任务2 端面车削及检测

1）零件精车

精车夹持在标准的工件夹具上的试件端面（图5-1-3）。单刃车刀安装在回转刀架的一个工位上。

检验零件的材料和刀具的型式及形状、进给量、切削深度、切削速度均由制造厂规定，但应该符合国家或行业标准的相关规定。

参考车削用量：车削速度 $v = 100$ m/min，背吃刀量 $a_p = 0.10 \sim 0.15$ mm，进给量 $f_r \leqslant 0.1$ mm/r。

2）切削精度检测

检测项目为端面的平面度。

允差要求：300 mm 直径上为 0.02 mm，只允许凹。

子任务3 螺纹车削及检测

1）精车螺纹

如图5-1-4所示，试件的材料、直径、螺纹的螺距连同刀具的型式和形状、进给量、切削深度和切削速度均由制造厂规定，但应该符合国家或行业标准的相关规定。

采用60°单刃螺纹车刀。

2）切削精度检测

检测项目为螺距的累积误差。

允差要求：任意 50 mm 测量长度上为 0.01 mm。

子任务 4　球面车削及检测

1）车削工艺

如图 5-1-5 所示，粗加工→精加工工件 1→调整机床→精加工工件 2、3。

说明：

（1）精加工余量 0.13 mm，

（2）加工方式有两种：

①分段车削圆球轮廓：以 15° 为一个程序段从 0°~105°（即 7 个程序段）分段车削球面，不用刀尖圆弧半径补偿。

②连续车削圆球轮廓：只用一个程序（0°~105°）车削球面，不用刀尖圆弧半径补偿。

2）车削精度检测

圆柱段：检测圆度和直径尺寸。

圆球段：检测半径尺寸和表面粗糙度。

对比检测：检测 3 个工件，得到负载条件下的重复定位精度。

各项允差如表 5-1-1 所示。

表 5-1-1　各项允差

球半径/mm	半径差允差/mm	直径差允差/mm	圆度允差/mm
<100	0.008	0.010	0.003
<150	0.010		
<250	0.015		
<350	0.020	0.020	0.005
<500	0.025		
<750	0.035		

子任务 5　综合车削及检测

1）精车试件

精车试件如图 5-1-6 所示。试件的材料、直径、螺纹的螺距连同刀具的型式和形状、进给量、切削深度和切削速度均由制造厂规定，但应该符合国家或行业标准的相关规定。

2）车削精度检测

检测项目：在各轴的转换点处的车削轮廓与理论轮廓的偏差。

允差：0.030 mm（$L \leqslant 250$ mm，L—车床 Z 向最大行程）；0.045 mm（250 mm<$L \leqslant$ 500 mm）。

（三）实施记录

1. 圆柱车削精度检测（表5-1-2）

实训记录表5-1-2　圆柱车削精度检测

序号	检测项目	检查记录		实训记录照片
1	圆度检测	圆度误差1： 圆度误差2：		
2	直径一致性检测	直径1： 直径2： 直径误差：		
3	检测结果	圆度误差值： 直径误差值：	圆度允差值： 直径允差值：	是否合格？

2. 端面车削精度检测（表5-1-3）

实训记录表5-1-3　端面车削精度检测

序号	检测项目	过程及实训记录值	实训记录照片
1	端面平面度		
3	计算与判断	误差值： 允差值：	

3. 螺纹车削精度检测（表5-1-4）

实训记录表5-1-4　螺纹车削精度检测

序号	检测项目	过程及实训记录值	实训记录照片
1	螺距累积误差	检测长度： 螺纹个数： 理论螺距： 累积误差：	
2	计算与判断	螺距累积误差： 允差值：	是否合格？

4. 球面车削精度检测（表5-1-5）

实训记录表5-1-5　球面车削精度检测

序号	检测项目	过程及实训记录值		实训记录照片
1	半径尺寸误差	尺寸1： 尺寸2： 尺寸3： 误差值：		
2	表面粗糙度			
3	工件比较	球径1： 球径2： 球径3：		
4	计算与判断	半径误差值： 允差值：	是否合格？	
		表面粗糙度误差： 允差：	是否合格？	
		重复定位误差： 允差	是否合格？	

5. 综合试件车削精度检测（表5-1-6）

实训记录表5-1-6　综合试件车削精度检测

序号	检测位置	检测直径值	理论直径值	轮廓误差
1	转换点1			
2	转换点2			
3	转换点3			
4	转换点4			
5	转换点5			
6	转换点6			
7	转换点7			
8	转换点8			
9	转换点9			
10	转换点10			
允差值：		检测最大误差：	是否合格？	

检查与评估

1. 过程检查（表5-1-7）

表5-1-7　过程检查表

序号	检查项	自查	教师检查
1	5S管理： A. 实训之前，是否按时到岗； B. 实训过程中，是否按要求拍照记录； C. 实训之后，是否打扫清洁，仪器设备是否按要求摆放； D. 实训之后，是否按时提交表格（电子版）		
2	规范性检查： A. 照片拍摄是否完整； B. 照片与文字是否对应		

2. 结果检查

1）目测检查（表5-1-8）

表5-1-8　目测检查表

序号	性能及目测		评估	
			学生自评	教师评价/互评
1	提交了表格	目测		
2	项目有对应照片			
3	是否有记录及计算过程			
	目测结果			
	评价成绩		N_1:	N_2:　　N_3:

不合格原因分析，如何改进？

_____

_____

_____

_____

_____

_____

_____

_____

2）内容检测（表5-1-9）

表5-1-9　内容检测表

序号	检测项	检测记录	
		学生	教师
1	检测步骤是否完整		
2	数据记录是否完整		
检测结果			
评价成绩		M_1：	M_2：

不合格原因分析，如何改进？

_____

_____

_____

_____

_____

_____

_____

_____

_____

_____

_____

_____

3. 结果评估与分析

1）综合评价（表5-1-10）

主观得分：$X_{1,1} = \dfrac{提交表格数}{评估点数} \times 系数 = \dfrac{N_1}{5} \times 1 =$

$X_{1,2} = \dfrac{对应相片}{评估点数} \times 系数 = \dfrac{N_2}{15} \times 2 =$

$X_{1,3} = \dfrac{数据记录}{评估点数} \times 系数 = \dfrac{N_3}{30} \times 2 =$

客观得分：$X_{2,1} = \dfrac{检测步骤}{评估点数} \times 系数 = \dfrac{M_1}{10} \times 3 =$

$X_{2,2} = \dfrac{记录数据}{评估点数} \times 系数 = \dfrac{M_2}{30} \times 2 =$

表 5-1-10 综合评价表

项目	结果
主观得分 $X_1 = X_{1,1} + X_{1,2} + X_{1,3}$	
客观得分 $X_2 = X_{2,1} + X_{2,2}$	
百分制得分实际得分（主观分+客观分）	

学生签名：_____　　教师签名：_____　　日期：_____

2）总结分析

_____

_____

_____

_____

_____

_____

_____

_____

_____

_____

_____

_____

思考与扩展

填空题

1. 实训中所用圆度仪型号为_____，生产厂家为_____。

2. 实训中所用表面粗糙度仪型号为_____，生产厂家为_____。

3. 数控车床切削精度检测包括_____车削、_____车削和_____切削和综合试件切削。

4. 外圆车削试件材料为_____钢，精车后圆度小于_____ mm，直径的一致性在 200 mm 测量长度上小于_____ mm。

5. 端面车削试件材料为灰铸铁，精车后检验其平面度，300 mm 直径上为_____ mm，只允许_____（凸/凹）。

6. 精车螺纹试件的螺纹长度一般取_____ mm。精车 60°螺纹后，在任意 50 mm 测量长度上螺距累积误差的允差为_____ mm。

任务 5-2　立式加工中心切削精度检测

任务描述

数控铣床（加工中心）主要切削方式为镗孔、铣平面、铣削轮廓等，其切削精度检测对象主要有镗孔精度检测、平面铣削检测和轮廓铣削检测等。检测试件有外单项检测试件、端面铣削试件、综合铣削试件（圆方件）。本任务要求根据立式加工中心国家检测标准，选择合适的检测仪器工具，完成如图 5-2-1 所示圆方试件的铣削精度检测。

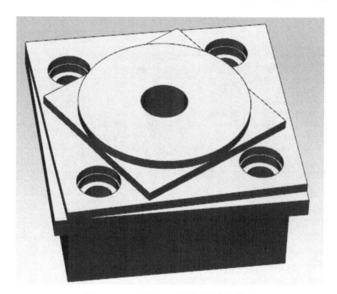

图 5-2-1　圆方试件铣削精度检测

任务目标

（1）利用待检测立式加工中心铣削圆方试件。

（2）选择合适的检测工具检测各表面的直线度、平行度、垂直度等。

（3）选择合适的检测工具检测圆形轮廓的圆度、中心孔的圆柱度、外圆对中心孔的同轴度。

（4）选择合适的检测工具检测 4 个台阶孔的内外同轴度及其位置度。

（5）培养按部就班的大局意识。

知 识链接

（一）立式加工中心主要加工对象及检测项目

1. 镗孔加工

1）单个孔的加工及检测

（1）加工工艺：粗镗（留单边余量<0.2 mm）→精镗各孔。

（2）检测项目：检测单个镗孔的圆度、圆柱度、表面粗糙度，目的是考核机床主轴的运动精度以及低速走刀的平稳性。

圆度和圆柱度可以用内径百分表检测，检测方法如图 5-2-2 所示。

允差：圆度允差 0.01 mm，圆柱度允差 0.01 mm/100 mm。

2）镗孔的同轴度检测

利用转台 180°分度，在对边各镗一个孔，检验两孔的同轴度，这项指标主要用来考核转台的分度精度及主轴对加工平面的垂直度。

检测项目：同轴度。

检测仪器：检验棒、指示器、圆度测量仪。

允差：$\phi 0.02$ mm。

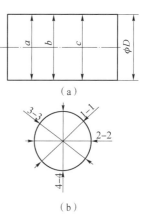

图 5-2-2　镗孔精度检测

（a）圆度检测；（b）圆柱度检测

3）镗孔的孔距精度和孔径分散度检测

考核目的：孔距精度反映了机床的定位精度及失动量在工件上的影响。孔径分散反映了刀具磨损对孔径尺寸的影响。

检测项目：X 方向孔距精度、Y 方向孔距精度、对角孔距精度、孔径差。

检测仪器：千分尺。

检查方法：如图 5-2-3 所示。

允差：X、Y 方向孔距精度允差 0.02 mm，对角孔距精度允差 0.03 mm；孔径分散度允差 0.01 mm。

2. 铣削平面

铣削工艺：端铣刀粗铣削上下表面→端铣刀精铣削上下表面。

考核目的：工作台运动平面度。

检测项目：平面度、阶梯差。

检测仪器：水平仪或指示器、千分尺。

检查方法：如图 5-2-4 所示。

允差：端铣平面的平面度允差 0.01 mm，走刀阶梯差允差 0.01 mm。

3. 铣削轮廓

1）沿坐标轴直线铣削

使 X 轴和 Y 轴分别进给，用立铣刀侧刃精铣工件周边。该精度主要考核机床 X 向和 Y

向导轨运动几何精度。

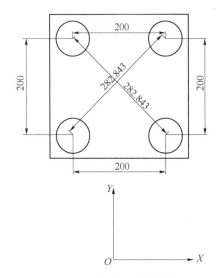

图 5-2-3　镗孔孔距精度检测

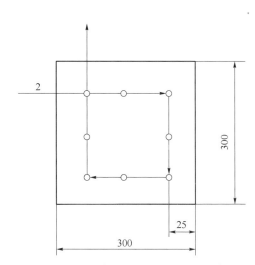

图 5-2-4　端铣平面平面度和阶梯差检测

检测项目：直线度、平行度、垂直度。

检测仪器：大理石平尺、垫块、指示器。

试件规格：如图 5-2-5 所示。

允差：直线度允差 0.01 mm/300 mm，平行度、垂直度允差 0.02 mm/300 mm。

2）两轴联动斜线铣削

用 G01 控制 X 轴和 Y 轴联动，用立铣刀侧刃精铣工件周边。该项精度主要考核机床的 X、Y 轴联动插补的运动品质。

当两轴的直线插补功能或两轴伺服特性不一致时，便会使直线度、对边平行度等精度超差，有时即使几项精度不超差，但会在加工面上出现很有规律的条纹，这种条纹在两直角边上呈现一边密，一边稀的状态，这是由于两轴联动时，其中某一轴进给速度不均匀造成的。

检测项目：直线度、平行度、垂直度。

检测仪器：直角尺、垫块、指示器。

检测方法：如图 5-2-6 所示。

允差：直线度允差 0.015 mm/300 mm，平行度、垂直度允差 0.03 mm/300 mm。

3）圆弧铣削

用 G02 或 G03 控制 X 轴和 Y 轴联动，用立铣刀侧刃精铣外圆轮廓，要求铣刀从外圆切向进刀，切向出刀，铣圆过程连续不中断。该项精度主要考核机床的 X 轴、Y 轴联动插补的运动品质。

检测项目：圆度。

检测仪器：圆度测量仪。

试件规格：如图 5-2-7 所示。

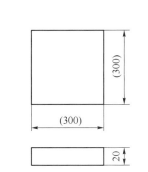

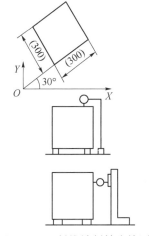

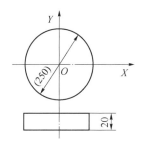

图 5-2-5　直线铣削精度检测　　　图 5-2-6　斜线铣削精度检测　　　图 5-2-7　圆弧铣削精度检测

允差：0.02 mm。

◆圆弧铣削形状误差成因分析

圆弧铣削测量时，可能出现如下三种情况，如图 5-2-8 所示。

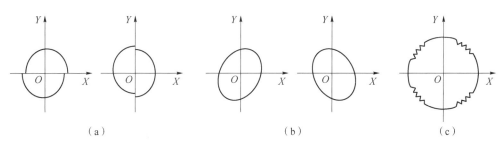

图 5-2-8　圆弧铣削形状误差类型

（a）两半圆错位；（b）斜椭圆；（c）锯齿形条纹

①两半圆错位：由一坐标方向或两坐标方向的反向失动量引起。

②斜椭圆：由两坐标的实际系统增益不一致造成，尽管在控制系统上两坐标系统增益设置成完全一样，但由于机械部分结构、装配质量和负载情况等不同，也会造成实际系统增益的差异。

③锯齿形条纹：由两轴联动时，其中某一轴进给速度不均匀造成。

（二）铣削精度检测主要仪器

铣床主要加工类型为镗孔、铣削平面、铣削轮廓。其切削精度检测仪器主要有圆度仪、内径百分表、游标卡尺、千分尺、表面粗糙度仪、三坐标测量仪等。

1. 内径百分表

1）内径百分表结构

内径百分表由百分表、绝热手柄、传动杆、活动测头及可换测头等组成，如图 5-2-9 所示。

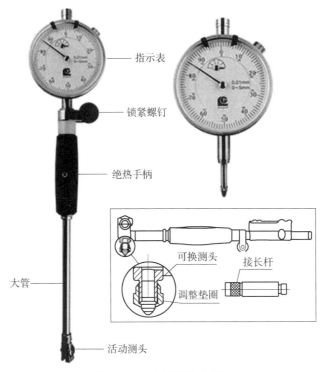

图 5-2-9　内径百分表结构

指示表

锁紧螺钉

绝热手柄

大管

活动测头

可换测头

接长杆

调整垫圈

2）内径百分表的应用

（1）安装。

①把百分表插入量表直管轴孔中，压缩百分表一圈，紧固。

②根据被测孔径的大小选取并安装可换测头，紧固。

（2）测量。

①根据被测尺寸调整零位：用已知尺寸的环规或平行平面（千分尺）调整零位，以孔轴向的最小尺寸或平面间任意方向内均最小的尺寸对零位，然后反复测量同一位置 2~3 次后检查指针是否仍与零线对齐，如不齐则重调。为读数方便，可用整数来定零位位置。

②测量：手握隔热装置，摆动内径百分表，找到轴向平面的最小尺寸（转折点）来读数。

（3）注意事项。

①测杆、测头、百分表等配套使用，不要与其他表混用。

②注意维护与保养，远离液体，不使冷却液、切削液、水或油与内径表接触；在不使用时，要摘下百分表，使表解除其所有负荷，让测量杆处于自由状态；成套保存于盒内，避免丢失与混用。

2. 三坐标测量仪

三坐标测量仪是用来测量零部件的三维坐标，并经过软件处理以得到相关误差数据的精密测量仪器，主要由测量机主机、测座、测头系统、控制系统、计算机及处理软件等部分组成，如图 5-2-10 所示。其主机结构有移动桥式、固定桥式、龙门式、关节臂式等多种形式。

图 5-2-10　三坐标测量仪

任务实施

（一）准备工作

1. 实训场所及仪器设备

（1）实训场所：数控实训车间或企业现场。

（2）实训设备：立式加工中心。

（3）实训仪器、工具：圆度测量仪、千分尺、内径百分表、三坐标测量仪、表面粗糙度仪。

2. 其他

记录纸笔、拍照设备、教材。

（二）实施步骤

子任务1　圆方试件的铣削

1）加工工艺分析

（1）试件及其规格。圆方试件形状如图 5-2-11、图 5-2-12 所示，其规格有 JB/T 8771.7-A160 和 JB/T 8771.7-A320 两种。

（2）试件加工工艺。

毛坯材料：铸铁或铝件。

刀具选择：直径为 32 mm 的立铣刀加工所有外轮廓。

切削用量：

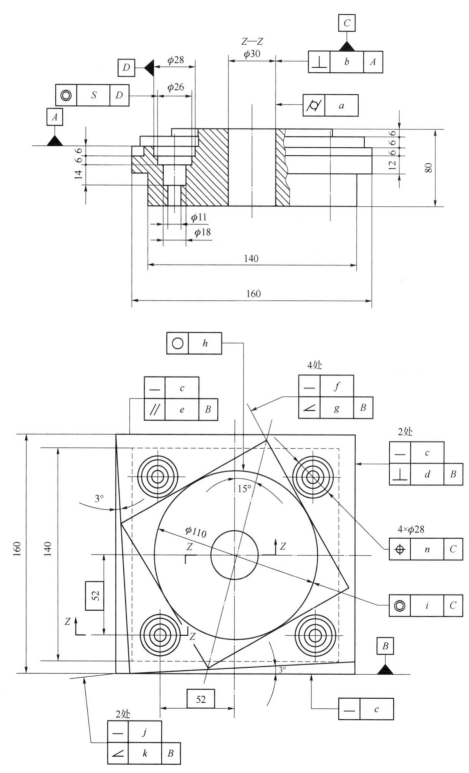

图 5-2-11　JB/T 8771.7-A160 圆方试件

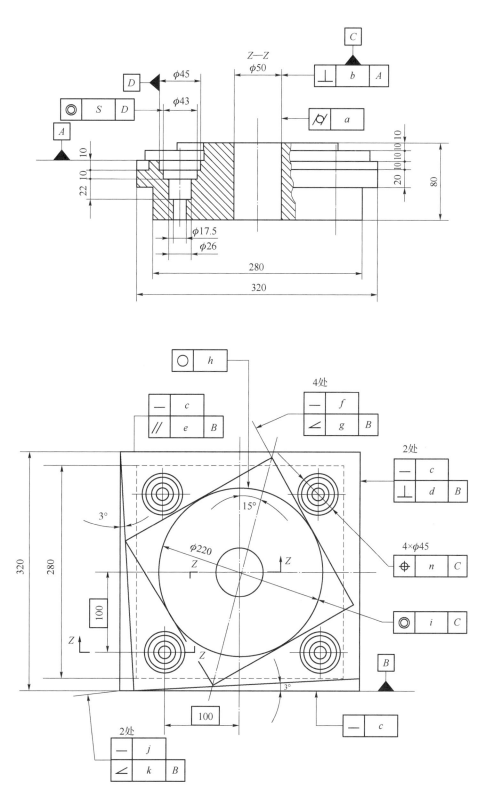

图 5-2-12 JB/T 8771.7-A320 圆方试件

①切削速度：铸铁件 50 m/min，铝件 300 m/min。

②每齿进给量：0.05~0.10 mm。

③径向切深：0.2 mm。

加工工序：毛坯→预加工→精加工。

2）圆方试件加工

（1）定位与装夹。

①定位：试件应位于 X 行程的中间位置，并沿 Y 轴和 Z 轴在适合于试件和夹具定位及刀具长度的适当位置处放置。当对试件的定位位置有特殊要求时，应在制造厂和用户的协议中规定。

②装夹：试件应在专用的夹具上方便安装，以达到刀具和夹具的最大稳定性。夹具和试件的安装面应平直。

应检验试件安装表面与夹具夹持面的平行度。应使用合适的夹持方法以便使刀具能贯穿和加工中心孔的全长。建议使用埋头螺钉固定试件，以避免刀具与螺钉发生干涉，也可选用其他等效的方法。试件的总高度取决于所选用的固定方法。

（2）试件精加工子任务：通镗中心孔→精铣正四方外形→精铣倾斜 60° 的菱形→精铣大圆轮廓→精铣 α＝3° 的两斜边→镗 4 个阶梯孔。

子任务 2　圆方试件的切削精度检测

如表 5-2-1 所示，为圆方试件检测项目及允差。

表 5-2-1　圆方试件检测项目及允差

加工顺序	加工轮廓	检测项目	160 试件允差 /mm	320 试件允差 /mm	检测仪器
1	通镗中心孔	（1）中心孔的圆柱度	0.010	0.015	坐标测量机
		（2）中心孔轴线与基面 A 的垂直度	φ0.010	φ0.015	坐标测量机
2	精铣外正方形	（3）侧面的直线度	0.010	0.015	坐标测量机或平尺+指示器
		（4）相邻面对基面 B 的垂直度	0.010	0.020	坐标测量机或直角尺+指示器
		（5）相对面对基面 B 的平行度	0.010	0.020	坐标测量机或等高量块+指示器
3	精铣倾斜 60° 的菱形	（6）侧面的直线度	0.010	0.015	坐标测量机或平尺+指示器
		（7）侧面对基面 B 的倾斜度	0.010	0.020	坐标测量机或正弦规+指示器

加工顺序	加工轮廓	检测项目	160 试件允差 /mm	320 试件允差 /mm	检测仪器
4	精铣大圆轮廓	（8）大圆的圆度	0.015	0.020	坐标测量机或指示器或圆度测量仪
		（9）大圆与中心孔的同心度	$\phi0.025$	$\phi0.025$	坐标测量机或指示器或圆度测量仪
5	精铣斜面 （$\alpha=3°$）	（10）斜面的直线度	0.010	0.015	坐标测量机或平尺+指示器
		（11）斜面对基面 B 的倾斜度	0.010	0.020	坐标测量机或正弦规+指示器
6	镗 4 个阶梯孔	（12）阶梯孔相对于中心孔的位置度	$\phi0.05$	$\phi0.05$	坐标测量机
		（13）阶梯孔内外孔的同轴度	$\phi0.02$	$\phi0.02$	坐标测量机或圆度测量仪

检测说明：

①直线度、平行度、垂直度、倾斜度检测，测量头至少接触被测表面 10 个点。

②圆度、圆柱度检测，至少检验 15 个点。

子任务 3　端铣试件切削精度检测

1）端铣试件铣削工艺分析

（1）试件及其规格。

端铣试件形状如图 5-2-13 所示，试件表面宽度有 80 mm 和 160 mm 两种规格，试件长度为宽度的 1.25~1.60 倍。

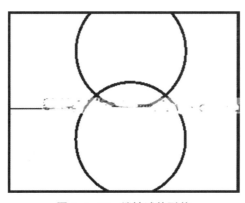

图 5-2-13　端铣试件形状

（2）试件加工工艺。

毛坯材料：铸铁或铝件或碳钢。

刀具选择：采用可转位套式面铣刀。刀具安装应符合下列公差：径向跳动≤0.02 mm；端面跳动≤0.03 mm。

切削参数：当采用铸铁毛坯时，各项参数参考表5-2-2。

表5-2-2　端铣试件规格

试件表面宽度 W/mm	试件表面长度 L/mm	切削宽度/mm	刀具直径/mm	刀齿数
80	100~130	40	50	4
160	200~250	80	100	8

①切削速度：300 m/min。

②每齿进给量：0.12 mm。

③径向切深：≤0.5 mm。

2）零件加工

（1）定位与装夹：毛坯底座应具有足够的刚性，并适合于夹紧到工作台上或托板和夹具上。为使切削深度尽可能恒定，精切前应进行预加工。

（2）加工走刀路线：垂直于面宽方向分两次走刀，第一次走刀时刀具应伸出试件表面的20%刀具直径，第二次走刀时刀具应伸出另一边约1 mm，两次走刀重叠约为铣刀直径的20%。

加工工序：毛坯→预加工→精加工。

3）试件检测

检测端铣表面的平面度，X方向直线度反映入刀和出刀的影响，Y方向直线度反映两次走刀重叠的影响。

平面度允差：小规格试件不超过0.02 mm，大规格试件不超过0.03 mm。

（三）实施记录

1. 圆方试件加工（表5-2-3）

实训记录表5-2-3　圆方试件加工

试件标记　　JB/T 8771.7-A　　　试件材料：

序号	加工对象	刀具名称及规格	刀具材料	切削用量		
				切削速度	进给量	切削深度
1	中心孔					
2	外正方					
3	菱形					
4	大圆					
5	斜边					
6	阶梯孔					

2. 圆方试件切削精度检测（表 5-2-4）

实训记录表 5-2-4　圆方试件切削精度检测

试件标记　　　JB/T 8771.7-A　　　　试件材料：

检测对象	检测项目	检测过程及仪器设备	判断	
			检测误差	允差值
通镗中心孔	（1）中心孔的圆柱度			
	（2）中心孔轴线与基面 A 的垂直度			
精铣外正方形	（3）侧面的直线度			
	（4）相邻面对基面 B 的垂直度			
	（5）相对面对基面 B 的平行度			
精铣倾斜 60° 的菱形	（6）侧面的直线度			
	（7）侧面对基面 B 的倾斜度			
精铣大圆轮廓	（8）大圆的圆度			
	（9）大圆与中心孔的同心度			
精铣斜面 （α=3°）	（10）斜面的直线度			
	（11）斜面对基面 B 的倾斜度			
镗 4 个阶梯孔	（12）阶梯孔相对于中心孔的位置度			
	（13）阶梯孔内外孔的同轴度			

3. 端面铣削精度检测（表5-2-5）

实训记录表5-2-5 端面铣削精度检测

试件规格	长： 宽： 厚：		试件材料		
刀具类型	类型： 材料：		刀具规格	直径： 刀齿数：	
切削要素	切削速度： 进给量：		切削深度：		
平面度误差	X向误差：		Y向误差：		
	X向允差：		Y向允差：		

检查与评估

1. 过程检查（表5-2-6）

表5-2-6 过程检查表

序号	检查项	自查	教师检查
1	5S管理： A. 实训之前，是否按时到岗； B. 实训过程中，是否按要求拍照记录； C. 实训之后，是否打扫清洁，仪器设备是否按要求摆放； D. 实训之后，是否按时提交表格（电子版）		
2	规范性检查： A. 照片拍摄是否完整； B. 照片与文字是否对应		

2. 结果检查

1）目测检查（表5-2-7）

表5-2-7 目测检查表

序号	性能及目测		评估	
			学生自评	教师评价/互评
1	提交了表格	目测		
2	项目有对应照片			
3	是否有记录及计算过程			
目测结果				
评价成绩			N_1： N_2：	N_3：

不合格原因分析，如何改进?

_____

_____

_____

_____

_____

_____

_____

_____

_____

2）内容检测（表5-2-8）

表5-2-8　内容检测表

序号	检测项	检测记录	
		学生	教师
1	检测步骤是否完整		
2	数据记录是否完整		
检测结果			
评价成绩		M_1:	M_2:

不合格原因分析，如何改进?

_____

_____

_____

_____

_____

_____

_____

_____

_____

_____

3. 结果评估与分析

1) 综合评价（表5-2-9）

主观得分：$X_{1,1} = \dfrac{\text{提交表格数}}{\text{评估点数}} \times \text{系数} = \dfrac{N_1}{3} \times 1 =$

$X_{1,2} = \dfrac{\text{对应相片}}{\text{评估点数}} \times \text{系数} = \dfrac{N_2}{30} \times 2 =$

$X_{1,3} = \dfrac{\text{数据记录}}{\text{评估点数}} \times \text{系数} = \dfrac{N_3}{30} \times 2 =$

客观得分：$X_{2,1} = \dfrac{\text{检测步骤}}{\text{评估点数}} \times \text{系数} = \dfrac{M_1}{16} \times 3 =$

$X_{2,2} = \dfrac{\text{记录数据}}{\text{评估点数}} \times \text{系数} = \dfrac{M_2}{30} \times 2 =$

表5-2-9 综合评价表

项目	结果
主观得分 $X_1 = X_{1,1} + X_{1,2} + X_{1,3}$	
客观得分 $X_2 = X_{2,1} + X_{2,2}$	
百分制得分实际得分（主观分+客观分）	

学生签名：＿＿＿＿＿＿＿＿　　教师签名：＿＿＿＿＿＿＿＿　　日期：＿＿＿＿＿＿＿＿

2) 总结分析

＿＿＿

＿＿＿

＿＿＿

＿＿＿

＿＿＿

＿＿＿

＿＿＿

思考与扩展

一、填空题

1. 实训中所用三坐标测量仪型号为＿＿＿＿＿＿，生产厂家为＿＿＿＿＿＿。

2. 实训中所用内径百分表型号为＿＿＿＿＿＿，测量精度为＿＿＿＿＿＿，所配测头范围有＿＿＿＿＿＿＿＿＿＿。

3. 加工中心的轮廓加工试件规格有两种，分别是 JB/T 8771.7-_____试件和 JB/T 8771.7-_____试件。

4. 加工中心端铣试件检验的目的是检验端面精铣所铣表面的_____，两次走刀重叠约为铣刀直径的_____。

5. 加工中心端铣试件宽度有_____ mm 和_____ mm 两种。

6. 试件宽度为 80 mm 的试件所用端铣刀直径为_____ mm，刀齿数为_____齿；试件宽度为 160 mm 的试件所用端铣刀直径为_____ mm，刀齿数为_____齿。

7. 加工中心端铣试件材料为铸铁时，进给速度为 300 mm/min 时，每齿进给量近似为_____ mm，切削深度不应超过_____ mm。

8. 加工中心端面铣削的小规格试件，被加工表面的平面度允差不应超过_____ mm；大规格试件的平面度允差不应超过_____ mm。垂直于铣削方向的直线度检验反映出_____的影响，而平行于铣削方向的直线度检验反映出_____的影响。

二、简答题

1. 数控铣床镗孔精度检验包括哪些项目？

2. 直线铣削精度检验和斜线铣削精度检验检验项目有哪些？其考核目的是什么？

三、拓展题

1. 查阅常用三坐标测量仪厂家及其类型。

2. 简述三坐标测量仪工作原理。

3. 数控铣床铣削圆形时，可能会出现如图 5-2-14 所示三种情况，试分析各种情况的产生原因。

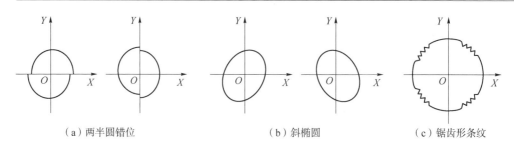

（a）两半圆错位　　　　　　　（b）斜椭圆　　　　　　　（c）锯齿形条纹

图 5-2-14　圆弧铣削形状误差类型

任务六

数控机床

运行性能检测

任务 6-1　数控机床机械性能检测

任务描述

数控机床在出厂之前必须对机床的运行性能进行综合检测，主要包括电气连接及数控功能检测、机械运行检测、空载试运行及重负荷切削检测等，从而对数控机床整机性能有一个综合评估。数控机床机械运行性能检测主要包括主轴运行检测、进给部件运行检测、自刀换刀机构运行检测以及主轴温升和噪声检测；辅助功能检测包括润滑装置、气动液压装置以及冷却、排屑等辅助装置运行情况的检测。

任务目标

（1）熟练操作检测数控机床的主轴、进给部件及辅助部件的性能。

（2）利用仪器检测主轴温升和机床噪声。

（3）检测加工中心刀库换刀准确性及灵敏性。

（4）培养主动学习、敢于争先的意识。

知 识链接

（一）数控系统和电气连接检测项目

1. 检查数控系统外观

检查系统操作面板、机床操作面板、CRT 显示屏、位置检测装置、电源、伺服驱动装置等部件是否有破损，电缆捆扎处是否有破损现象，特别是对安装有脉冲编码器的伺服电动机，要检查电动机外壳的相应部分有无磕碰痕迹。

2. 检查控制柜内元器件紧固情况

控制柜内元器件连接形式包括：针型插座、接线端子和航空插头。其形状如图 6-1-1 所示。很显然，接线端子连接最不牢固。

主要检查部位：

（1）接线端子的紧固螺钉是否拧紧：检查各种按钮、变压器、接地板、伺服装置、接线排端子、继电器、接触器及熔断器等元器件的接线。

（2）有无多余的接线端子：检查交流接触器的辅助触头和中间继电器多余触头的接线端子等。

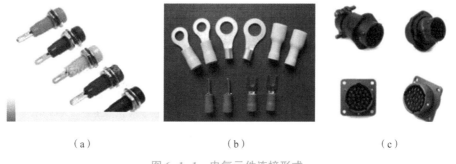

（a）　　　　　　　　　　（b）　　　　　　　　　　（c）

图 6-1-1　电气元件连接形式

（a）针型插座；（b）接线端子；（c）航空插头

主要危害：端子上的压线垫圈及螺钉若处置不当，在运行中遇到振动会使其脱落，就可能造成电气元件的机件卡死或电气短路等故障。

空余接线端子处理方法：螺钉紧固；拆除多余端子。

3. 确认输入电源电压和相序

1）输入电压检查

数控系统对电压要求较高，所以要检查电压波动范围是否在数控系统所要求的范围内。如 FANUC 数控系统所用电源是 200 V，50 Hz，电压波动范围应在+10%～-15%以内。

2）电源相序检查

对晶闸管控制线路用的电源，一定要检查相序。相序错误会烧毁驱动装置上的保险。相序测量有两种方法，一是用相序表测量，相序接法正确时，相序表按顺时针方向旋转；二是用双线示波器观察 R-S 和 T-S 间的波形，测量方法及波形如图 6-1-2 所示。

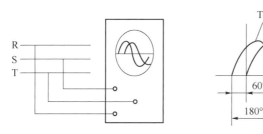

图 6-1-2　相序检查及其波形

4. 检查直流电压输出

数控系统中的 I/O 单元、电气控制中的中间继电器和电磁制动器线圈等均靠直流+24 V 电压供电。用万用表测量稳压装置的输出电压和输出端对地电阻值，以确认输出的+24 V 电压是否在允许范围内及对地短路。

5. 确认数控系统与机床侧的接口

现代数控系统均具备自诊断功能，在 CRT 上可显示数控系统与机床侧接口之间的状态。

如 SIEMENS 系统通过自诊断画面（DIGNOSIS），就可确认接口信号 IB、QB 的状态。FANUC 系统通过 DGN 和数据号可显示状态信息，如图 6-1-3 所示。

诊断号	位 7	6	5	4	3	2	1	0
0700		CSCT	CITL	COVZ	CINP	CDWL	CMTN	CFIN

图 6-1-3　FANUC 系统接口状态信息

其中，CFTN 为 1 表示正在执行 M、S、T 功能；CMTN 为 1 表示正在执行自动运行指令；CDWL 为 1 表示正在执行暂停；CINP 为 1 表示正在进行到位检测；COVZ 为 1 表示倍率为 0；CITL 为 1 表示互锁信号接通；CSCT 为 1 表示等待主轴到达信号接通。

6. 确认数控系统各参数的设定

设定系统参数的目的是使机床具有最佳的工作性能。随机附带的参数表是机床重要的技术资料，对故障诊断和维修有很大帮助。如 FANUC 系统通过操作 MDI/CRT 单元上的"PARAM"键和"PAGE"键可显示已存入系统内存的参数，显示的参数内容应与参数表一致。

（二）机械运行检测主要仪器

数控机床机械运行检测主要包括主轴运行检测、进给部件运行检测、自刀换刀机构运行检测以及主轴温升和噪声检测；辅助功能检测包括润滑装置、气动液压装置以及冷却、排屑等辅助装置运行情况的检测。检测仪器主要有测速传感器、噪声仪、温度传感器等。

1. 测速传感器

测速传感器是对被测物的运行速度进行测量并转化成可输出信号的传感器。

1）工作原理

透光式测速传感器由带孔或缺口的圆盘、光源和光电管组成，如图 6-1-4 所示。圆盘随被测轴旋转时，光线只能通过圆孔或缺口照射到光电管上。光电管被照射时，其反向电阻很低，于是输出一个电脉冲信号。光源被圆盘遮住时，光电管反向电阻很大，输出端就没有信号输出。这样，根据圆盘上的孔数或缺口数，即可测出被测轴的转速，如图 6-1-5 所示。

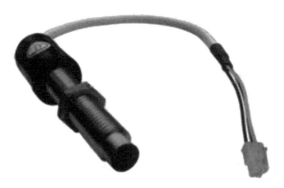

图 6-1-4　测速传感器

反射式测速传感器的原理与透光式一样，是通过光电管将感受的光变化转换为电信号变化，但它是通过光的反射来得到脉冲信号的，通常是将反光材料粘贴于被测轴的测量部位上构成反射面。常用的反射材料为专用测速反射纸带（胶带），也可用铝箔等反光材料代替，

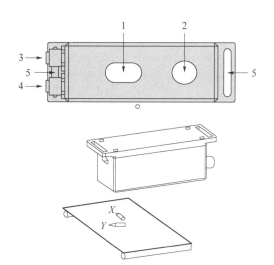

图 6-1-5　测速传感器工作原理及安装图

1—LED 光发射口；2—摄像接收口；3，4—接线端；5—固定螺孔

有时还可以在被测部位涂以白漆作为反射面。投光器与反射面需适当配置，通常两者之间的距离为 5~15 m。当被测轴旋转时，光电元件接受脉动光照，并输出相应的电信号送入电子计数器，从而测量出被测轴的转速。

2）分类

测速传感器主要可分为测线速传感器和测转速传感器两种。

2. 噪声仪

噪声仪又叫噪声计或声级计、分贝仪，是一种用于测量声音的声压级或声级的仪器，如图 6-1-6 所示噪声仪一般由电容式传声器、前置放大器、衰减器、放大器、频率计权网络以及有效值指示表头等组成。噪声仪的工作原理是：由传声器将声音转换成电信号，再由前置放大器变换阻抗，使传声器与衰减器匹配。放大器将输出信号加到计权网络，对信号进行频率计权（或外接滤波器），然后再经衰减器及放大器将信号放大到一定的幅值，送到有效值检波器（或外按电平记录仪），在指示表头上给出噪声声级的数值。

图 6-1-6　噪声仪

任务实施

（一）准备工作

1. 实训场所及仪器设备

（1）实训场所：数控实训车间或企业现场。

（2）实训设备：立式加工中心、数控车床。

（3）实训仪器、工具：测速传感器、声压计、温度传感器等。

2. 其他

记录纸笔、拍照设备、教材。

（二）实施步骤

子任务 1　主轴运行性能检测

主轴运行要求灵活、平稳、准确，分别在手动（JOG）模式和手动数据输入（MDI）模式进行检查，并检查主轴的准停功能。

1）主轴运行的平稳灵活性检测

将数控机床置于 JOG 模式，在高、中、低三挡中各任选一主轴转速做主轴启动、正转、反转和停止的连续试验，操作不少于 7 次，检验其动作的灵活性和可靠性。

同时，观察负载表上的功率显示是否符合要求。

2）主轴转速准确性检测

在主轴上安装测速传感器；磁性温度传感器固定在主轴轴承处。

数控面板置于 MDI 模式，使数控机床主轴由低速到最高速旋转，测量记录各级转速值，转速允差为设定值的±10%。

进行此项检查的同时，观察机床的振动情况。

主轴在 2 h 高速运转后允许温升 15 ℃。

3）主轴准停检测

连续操作 5 次以上，检验其动作的灵活性和可靠性。有齿轮挂挡的主轴箱，应多次试验自动挂挡，其动作应准确可靠。

子任务 2　进给部件性能检测

进给部件要求启动、停止灵活可靠，运行过程中无异常现象和噪声，风扇、润滑工作正常。各种进给速度准确，限位开关准确无误，回零操作可靠。

1）进给平稳性和可靠性检测

（1）将机床置于 JOG 模式，在各进给轴全部行程上连续做工作进给和快速进给试验，快速行程应大于 1/2 全行程，正、负方向和连续操作不少于 7 次。检验正、反向的低、中、高速进给和快速移动的启动、停止、点动等动作的平稳性和可靠性。

（2）在增量方式（INC 或 STEP）下，单次进给误差不得大于最小设定当量的 100%，累积进给误差不得大于最小设定当量的 200%。

在手轮方式（HANDLE）下，手轮每格进给和累积进给误差同增量方式。

（3）在各进给轴全行程上做低、中、高进给量变换试验。

2）进给速度准确性检测

在 MDI 模式下，手动输入各级进给速度，通过 G00 和 G01 指令功能，利用测速传感器测定快速移动及各进给速度，其允差为±5%。

3）软硬限位检测

分别通过 JOG 和 MDI 两种模式，检验各伺服轴在进给时软硬限位的可靠性。

数控机床的硬限位是通过行程开关来确定的，一般在各伺服轴的极限位置，因此，行程开关的可靠性就决定了硬限位的可靠性。

软限位是通过设置机床参数来确定的，限位范围是可变的。软限位是否有效可观察伺服轴在到达设定位置时，伺服轴是否停止来确定。

4）回零操作检测

在 REF 模式下，分别检测 Z 轴、X 轴、Y 轴回零操作的准确性。

5）检查数控铣床升降台防止垂直下滑装置

在机床通电的情况下，在床身固定千分表表座，用千分表测头指向工作台面，然后将工作台突然断电，通过千分表观察工作台面是否下沉，变化在 0.01～0.02mm 是允许的。下滑太多会影响批量加工零件的一致性，此时需调整自锁器。

子任务 3　自动换刀（ATC）性能检测

1）换刀可靠性检测

刀库在装满刀柄的满负载条件下，通过手动操作运行和 M06、T 指令自动运行，检验刀具自动交换的可靠性和灵活性、机械手抓取最大长度和直径刀柄的可靠性、刀库内刀号选择的准确性以及换刀过程的平稳性。

2）换刀时间检测

参照技术指标，检测刀具交换的时间。

子任务 4　机床辅助装置运行检测

1）润滑装置检测

检验定时定量润滑装置的可靠性，润滑油路有无泄漏，油温是否过高，以及润滑油路到润滑点的油量分配状况等。

2）液压、气动装置检测

检查压缩空气和液压油路的密封，气液系统的调压功能及液压油箱的工作情况等。

3）其他附属装置检测

检查冷却装置能否正常工作，排屑器的工作状况，冷却防护罩有无泄漏，带负载的交换托盘（APC）能否自动交换并准确定位，接触式测量头能否正常工作。

（三）实施记录

1. 主轴转速检测（表 6-1-1）

实训记录表 6-1-1　主轴转速检测

序号	设定转速/(r·min⁻¹)	实测转速/(r·min⁻¹)	转速相对误差/%	是否合格	总评
1					
2					
3					
4					

序号	设定转速/(r·min⁻¹)	实测转速/(r·min⁻¹)	转速相对误差/%	是否合格	总评
5					
6					
7					
8					
9					
10					
11					
12					

2. 进给速度检测（表 6-1-2~表 6-1-4）

实训记录表 6-1-2　Z 轴进给速度检测

序号	设定进给速度 /(mm·min⁻¹)	实测进给速度 /(mm·min⁻¹)	相对误差 /%	是否合格	总评
1					
2					
3					
4					
5					
6					

实训记录表 6-1-3　X 轴进给速度检测

序号	设定进给速度 /(mm·min⁻¹)	实测进给速度 /(mm·min⁻¹)	相对误差 /%	是否合格	总评
1					
2					
3					
4					
5					
6					

序号	设定进给速度 /(mm·min⁻¹)	实测进给速度 /(mm·min⁻¹)	相对误差 /%	是否合格	总评
1					
2					
3					
4					
5					
6					

3. 换刀检测（表 6-1-5）

实训记录表 6-1-5　换刀检测

设定刀位号	实际刀位号	是否平稳	换刀时间	评价

检查与评估

1. 过程检查（表 6-1-6）

表 6-1-6　过程检查表

序号	检查项	自查	教师检查
1	5S 管理： A. 实训之前，是否按时到岗； B. 实训过程中，是否按要求拍照记录； C. 实训之后，是否打扫清洁，仪器设备是否按要求摆放； D. 实训之后，是否按时提交表格（电子版）		
2	规范性检查： A. 照片拍摄是否完整； B. 照片与文字是否对应		

2. 结果检查

1）目测检查（表6-1-7）

表 6-1-7　目测检查表

序号	性能及目测		评估	
			学生自评	教师评价/互评
1	提交了表格	目测		
2	项目有对应照片			
3	是否有记录及计算过程			
目测结果				
评价成绩			N_1： N_2：	N_3：

不合格原因分析，如何改进？

_____

_____

_____

_____

_____

_____

_____

_____

_____

_____

_____

_____

_____

_____

_____

2）内容检测（表6-1-8）

表 6-1-8　内容检测表

序号	检测项	检测记录	
		学生	教师
1	检测步骤是否完整		
2	数据记录是否完整		
检测结果			
评价成绩		M_1： M_2：	

不合格原因分析，如何改进？

_____

3. 结果评估与分析

1）综合评价（表6-1-9）

主观得分：$X_{1,1} = \dfrac{\text{提交表格数}}{\text{评估点数}} \times \text{系数} = \dfrac{N_1}{5} \times 1 =$

$X_{1,2} = \dfrac{\text{对应相片}}{\text{评估点数}} \times \text{系数} = \dfrac{N_2}{30} \times 2 =$

$X_{1,3} = \dfrac{\text{数据记录}}{\text{评估点数}} \times \text{系数} = \dfrac{N_3}{30} \times 2 =$

客观得分：$X_{2,1} = \dfrac{\text{检测步骤}}{\text{评估点数}} \times \text{系数} = \dfrac{M_1}{30} \times 3 =$

$X_{2,2} = \dfrac{\text{记录数据}}{\text{评估点数}} \times \text{系数} = \dfrac{M_2}{30} \times 2 =$

表6-1-9　综合评价表

项目	结果
主观得分 $X_1 = X_{1,1} + X_{1,2} + X_{1,3}$	
客观得分 $X_2 = X_{2,1} + X_{2,2}$	
百分制得分实际得分（主观分+客观分）	

学生签名：_____　　教师签名：_____　　日期：_____

2) 总结分析

_____

_____

_____

_____

_____

_____

_____

_____

_____

_____

_____

思考与扩展

一、填空题

1. 实训中所用转速传感器型号为_____，生产厂家为_____。

2. 实训中所用测速传感器型号为_____，生产厂家为_____。

二、简答题

简述数控机床机械运行及辅助功能检测的内容。

任务 6-2　数控机床试运行

任务描述

试运行检验是在自动运行模式下长时间连续运行，综合检验整台数控机床机械运行、数控功能等自动运行功能可靠性的一种检验方式。

数控机床出厂前，一般都要经过 96 h 的自动连续空运行；用户在调整验收时，只要做 8~16 h 连续运行不出故障即可；数控机床安装调试完毕后，要求整机在带一定负载条件下经过一段时间的自动运行，较全面地检查机床功能及工件可靠性。运行时间一般采用每天运行 8 h，连续运行 2~3 天，或者 24 h 连续运行 1~2 天。

任务目标

（1）了解数控功能检测内容及方法。

（2）了解试运行拷机程序及负载要求。

（3）了解试运行内容及其要求。

（4）培养爱岗敬业、精益求精的品质。

知 识链接

（一）数控功能检测项目

数控功能检测主要包括数控编程指令功能检测、机床操作面板功能检测以及显示功能检测。

1. 数控操作面板功能检测

要求各种数控指令运行正确。

1）运动指令功能检测

在 MDI 模式编制简单程序，检验快速移动指令 G00 和直线 G01 及圆弧插补指令 G02、G03 的正确性。

2）准备及辅助指令功能

（1）G 指令功能检测。检验坐标系选择（G54/G55/G56/G57/G58/G59）、平面选择（G17/G18/G19）、暂停（G04）、刀具长度和半径补偿（G43/G44/G49、G41/G42/G40）、镜像功能（G50.1/G51.1）、极坐标功能（G15/G16）、自动加减速、固定循环（G80/G81…/G89）

及用户宏程序（G65/G66/G77）等指令的准确性。

（2）辅助功能检测。检验 M、S、T 指令等。

2. 机床操作面板功能检测

检验回原点、单段程序、程序段跳读、主轴和进给倍率调整、进给保持、紧急停止、主轴和冷却液的启动和停止等功能的准确性。

3. 显示功能检测

检验位置显示、程序显示、各种菜单显示以及编辑修改等功能的准确性。

（二）试运行考机程序及负载要求

试运行中采用的程序，可以直接采用机床厂调试时间用的考机程序，也可自编考机程序。

1. 拷机程序内容

（1）主轴转动要包括标称的最低、中间和最高转速在内的 5 种以上速度的正转、反转及停止运行。

（2）各坐标运动要包括标称的最低、中间和最高进给速度及快速移动，进给移动范围应接近全行程，快速移动距离应在各坐标轴的全行程的 1/2 以内。

（3）一般自动加工所用的一些功能和代码要尽量用到。

（4）自动换刀有应至少交换刀库中 2/3 以上的刀号，而且都要装上质量在中等以上的刀柄进行实际交换。

（5）必须使用的特殊功能，如测量功能、APC 交换和用户宏程序等用拷机程序连续运行，检查机床各项运动、动作的平稳性和可靠性，并且要强调在规定时间内不允许出故障，否则应在修理后重新开始规定时间考核，不允许分段累计到规定运行时间。

2. 试运行负载要求

试运行时，机床刀库上应插满刀柄，刀柄质量应接近规定质量；交换工作台面上应加上负载。在试运行中，除操作失误引起的故障外，不允许机床有故障出现，否则表示机床的安装调试存在问题。

用户准备好典型零件的图纸和毛坯，在机床调试人员的指导下编程、选择刀具、确定切削用量。

如对数控车床进行负荷试验可按如下子任务进行：粗车、重切削、精车。

每一步又分为单一切削和调用加工循环切削。每一次切削完成后将零件已加工部位的实际尺寸与指令位置进行比较，检验机床在有负载条件下的运行精度。

（三）试运行检测内容及要求

1. 检测内容

机床的主运动机构应从最低速度起依次运转，每级速度的运转时间不得少于 2 min。用交换齿轮、皮带传动变速和无级变速的机床，可作低、中、高速运转。在最高速度时应运转足够的时间（不得少于 1 h），使主轴轴承（或滑枕）达到稳定温度。

1）温升检验

机床经过一定时间运转，其温度上升幅度不超过每小时 5 ℃时，可以认为机床已经达到稳定温度。如果是滑动轴承，数控机床主轴的稳定温度不超过 60 ℃，温升不大于 30 ℃；如果是滚动轴承，数控机床主轴的稳定温度不超过 70 ℃，温升不大于 40 ℃。

2）主运动和进给运动的检验

检验主运动速度和进给速度（进给量）的正确性，并检查快速移动速度（或时间）。在所有速度下，机床工作机构均应平稳、可靠。

3）机床动作试验

机床动作试验包括以下内容：

（1）用一个适当速度检验主运动和进给运动的启动、停止（包括制动、反转和点动等）动作是否灵活、可靠。

（2）检验自动机构（包括自动循环机构）的调整和动作是否灵活、可靠。

（3）反复变换主运动和进给运动的速度，检查变速机构是否灵活、可靠以及指示的准确性。

（4）检验转位、定位、分度机构动作是否灵活、可靠。

（5）检验调整机构、夹紧机构、读数指示装置和其他附属装置是否灵活、可靠。

（6）检验装卸工件、刀具、量具和附件是否灵活、可靠。

（7）与机床连接的随机附件应在该机床上试运转，检查其相互关系是否符合设计要求。

（8）检验其他操纵机构是否灵活、可靠。

4）安全防护装置和保险装置的检验

按 GB 15760—2004《金属切削机床　安全防护通用技术条件》等标准的规定，检验安全防护装置和保险装置是否齐备、可靠。

5）噪声检验

机床运动时不应有不正常的尖叫声和冲击声。在空运转条件下，对于精度等级为Ⅲ级和Ⅲ级以上的机床，噪声声压级不得超过 75 dB（A）；对于其他机床精度等级的机床，噪声声压级不应超过 85 dB（A）。

6）液压、气动、冷却、润滑系统的检验

一般应有观察供油情况的装置和指示油位的油标，润滑系统应能保证润滑良好。机床的冷却系统应能保证冷却充分、可靠。机床的液压、气动、冷却和润滑系统及其他部位均不得漏油、漏水、漏气。冷却液不得混入液压系统和润滑系统。

2. 整机连续空运转试验时间

对于自动、半自动和数控机床，应进行连续空运转试验，整个运转过程中不应发生故障，连续运转时间应符合表 6-2-1 所示整机连续空运转时间规定。试验时自动循环应包括所有功能和全部工作范围，各次自动循环之间休止时间不得超过 1 min。

表 6-2-1　机床连续空运转时间控制

机床自动控制形式	机械控制	电液控制	数字控制	
			一般数控机床	加工中心
自动循环时间/h	4	8	16	32

3. 试运行检验工作条件

1) 检验环境：按照数控机床正常使用要求。

①环境温度：15~35 ℃。

②相对湿度：45%~75%。

③大气压力：86~106 kPa。

2) 电源要求：50 Hz 标准工业用电，工作电压保持为额定值的+10%~−15%范围。

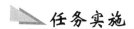

任务实施

（一）准备工作

1. 实训场所及仪器设备

（1）实训场所：数控实训车间或企业现场。

（2）实训设备：立式加工中心、数控车床。

（3）实训仪器、工具：测速传感器、声压计、温度传感器等。

2. 其他

记录纸笔、拍照设备、教材。

（二）实施步骤

子任务 1　机床循环运行

（1）编制或从企业复制拷机程序，并导入数控机床。

（2）温升检验：每隔 1 h 记录以下主轴轴承温度。

（3）主轴和进给性能检测：记录各速度段的实际值，并与程序进行比较。

（4）各类动作平稳、灵活准确性检验。

（5）安防检测：按 GB 15760—2004《金属切削机床　安全防护通用技术条件》等标准的规定，检验安全防护装置和保险装置是否齐备、可靠。

（6）噪声监测：距机床主轴 1 m 距离放置一声压计，高度约与主轴电动机等高。观测声压计噪声分贝的变化值。

（7）各辅助装置检测：液压、气动、冷却、润滑系统的检验。

子任务 2　进给部件性能检测

进给部件要求启动、停止灵活可靠，运行过程中无异常现象和噪声，风扇、润滑工作正常。各种进给速度准确，限位开关准确无误，回零操作可靠。

1）进给平稳性和可靠性检测

（1）将机床置于 JOG 模式，在各进给轴全部行程上连续做工作进给和快速进给试验，快速行程应大于 1/2 全行程，正、负方向和连续操作不少于 7 次。检验正、反向的低、中、高速进给和快速移动的启动、停止、点动等动作的平稳性和可靠性。

（2）在增量方式（INC 或 STEP）下，单次进给误差不得大于最小设定当量的 100%，累积进给误差不得大于最小设定当量的 200%。

在手轮方式（HANDLE）下，手轮每格进给和累积进给误差同增量方式。

（3）在各进给轴全行程上做低、中、高进给量变换试验。

2）进给速度准确性检测

在 MDI 模式下，手动输入各级进给速度，通过 G00 和 G01 指令功能，利用测速传感器测定快速移动及各进给速度，其允差为±5%。

3）软硬限位检测

分别通过 JOG 和 MDI 两种模式，检验各伺服轴在进给时软硬限位的可靠性。

数控机床的硬限位是通过行程开关来确定的，一般在各伺服轴的极限位置，因此，行程开关的可靠性就决定了硬限位的可靠性。

软限位是通过设置机床参数来确定的，限位范围是可变的。软限位是否有效可通过观察伺服轴在到达设定位置时是否停止来确定。

4）回零操作检测

在 REF 模式下，分别检测 Z 轴、X 轴、Y 轴回零操作的准确性。

5）检查数控铣床升降台防止垂直下滑装置

在机床通电的情况下，在床身固定千分表表座，用千分表测头指向工作台面，然后将工作台突然断电，通过千分表观察工作台面是否下沉，变化在 0.01~0.02 mm 是允许的。下滑太多会影响批量加工零件的一致性，此时需调整自锁器。

子任务3 自动换刀（ATC）性能检测

1）换刀可靠性检测

刀库在装满刀柄的满负载条件下，通过手动操作运行和 M06、T 指令自动运行，检验刀具自动交换的可靠性和灵活性、机械手抓取最大长度和直径刀柄的可靠性、刀库内刀号选择的准确性以及换刀过程的平稳性。

2）换刀时间检测

参照技术指标，检测刀具交换的时间。

子任务4 机床辅助装置运行检测

1）润滑装置检测

检验定时定量润滑装置的可靠性、润滑油路有无泄漏、油温是否过高，以及润滑油路到润滑点的油量分配状况等。

2）液压、气动装置检测

检查压缩空气和液压油路的密封、气液系统的调压功能及液压油箱的工作情况等。

3）其他附属装置检测

检查冷却装置能否正常工作、排屑器的工作状况、冷却防护罩有无泄漏、带负载的交换托盘（APC）能否自动交换并准确定位、接触式测量头能否正常工作。

（三）实施记录

1. 主轴温升检测（表6-2-2）

实训记录表6-2-2　主轴温升检测

时间	主轴温度/℃	温升/℃	累计温升/℃	总评
1 h				
2 h				
3 h				
4 h				
5 h				
6 h				
7 h				
8 h				
9 h				
10 h				

2. 主轴转速检测（表6-2-3）

实训记录表6-2-3　主轴转速检测

设定转速/(r·min⁻¹)	实测转速/(r·min⁻¹)	转速相对误差/%	是否合格	总评

3. 进给速度检测（表 6-2-4～表 6-2-6）

实训记录表 6-2-4　*Z* 轴进给速度检测

设定进给速度 /(mm·min^{-1})	实测进给速度 /(mm·min^{-1})	相对误差/%	是否合格	总评

实训记录表 6-2-5　*X* 轴进给速度检测

设定进给速度 /(mm·min^{-1})	实测进给速度 /(mm·min^{-1})	相对误差/%	是否合格	总评

实训记录表 6-2-6　Y 轴进给速度检测

设定进给速度 /(mm·min⁻¹)	实测进给速度 /(mm·min⁻¹)	相对误差/%	是否合格	总评

4. 换刀检测 （表 6-2-7）

实训记录表 6-2-7　换刀检测

设定刀位号	实际刀位号	是否平稳	换刀时间	评价

检查与评估

（略）

思考与扩展

填空题

1. 数控功能检验主要包括 _____ 功能检验、功能检验、_____ 功能检验和 _____ 功能检验。

2. 试运行检验包括 _____ 试验，_____ 试验和安装后的试运行。

3. 一般数控机床主轴转速检测时，其转速允差为设定值的 ± _____ %。主轴轴承最高温度应该小于 _____ ℃，温升一般应小于 _____ ℃。

4. 机床空运转时，噪声不得超过标准规定的 _____ ~ _____ dB。

参 考 文 献

[1] 人力资源和社会保障部. 数控机床机械装调与维修 [M]. 北京：劳动出版社，2012.

[2] 付承云. 数控机床安装调试及维修现场实用技术 [M]. 北京：机械工业出版社，2011.